utb 4911

Eine Arbeitsgemeinschaft der Verlage

W. Bertelsmann Verlag · Bielefeld
Böhlau Verlag · Wien · Köln · Weimar
Verlag Barbara Budrich · Opladen · Toronto
facultas · Wien
Wilhelm Fink · Paderborn
A. Francke Verlag · Tübingen
Haupt Verlag · Bern
Verlag Julius Klinkhardt · Bad Heilbrunn
Mohr Siebeck · Tübingen
Ernst Reinhardt Verlag · München
Ferdinand Schöningh · Paderborn
Eugen Ulmer Verlag · Stuttgart
UVK Verlagsgesellschaft · Konstanz, mit UVK/Lucius · München
Vandenhoeck & Ruprecht · Göttingen
Waxmann · Münster · New York

Jutta Arrenberg

Wirtschaftsmathematik
77 Aufgaben, die Bachelorstudierende beherrschen müssen

UVK Verlag · München

Jutta Arrenberg
ist Professorin für Wirtschafts- und Finanzmathematik sowie Wirtschaftsstatistik an der TH Köln.

Online-Angebote oder elektronische Ausgaben sind erhältlich unter www.utb-shop.de.

Bibliografische Information der Deutschen Bibliothek
Die Deutsche Bibliothek verzeichnet diese Publikation in der Deutschen Nationalbibliografie; detaillierte bibliografische Daten sind im Internet über <http://dnb.ddb.de> abrufbar.

Lektorat: Rainer Berger, München
Einbandgestaltung: Atelier Reichert, Stuttgart
Einbandmotivund Piktogramme im Buch: © yuoak, iStock
Druck und Bindung: CPI, Clausen & Boss, Leck

UVK Verlag
Nymphenburger Str. 48
80335 München
Telefon: 089/452174-66
www.uvk.de

Narr Francke Attempto Verlag GmbH & Co. KG
Dischingerweg 5
72070 Tübingen
Telefon: 07071/9797-0
www.narr.de

UTB-Nr. 4911
ISBN 978-3-8252- 4911-3

Vorwort

Dieses Buch ist ein Coach für die Vorbereitung auf die Wirtschaftsmathematik-Klausur.

Es begleitet den Leser (w,m) bei der Klausurvorbereitung auf dem langen Weg bis zur Lagrange-Methode. Es bietet dazu zahlreiche Aufgaben mit ausführlichen Lösungen an. Fertigkeiten wie Matrizenmultiplikation, Gaußalgorithmus, Grenzwerte von Funktionen, Ableitungen und partielle Ableitungen, Extremwert-Bestimmung sind Meilensteine zum großen Ziel, die Lagrange-Methode zu verstehen.

Außerdem weist das Buch zu jedem Thema auf häufige Fehler in Klausuren hin. Und es gibt Tipps, wie sich diese Fehler vermeiden lassen. Des Weiteren gibt es Tipps zu speziellen Lösungswegen. Solche Hinweise sind aus meinen Klausur-Korrekturen sowie aus meinen Antworten zu Fragen während meiner Mathematik-Vorlesungen zusammengestellt.

Das Buch richtet sich an Studierende, die schon die Vorlesungen zur Wirtschaftsmathematik besucht oder sich autodidaktisch Wirtschaftsmathematik angeeignet haben und jetzt kurz vor der Klausur stehen.

Als Klausurvorbereitung habe ich 77 typische Aufgaben herausgesucht, die auf meiner 20-jährigen Tätigkeit als Professorin für Mathematik einschließlich quantitativer Methoden der Wirtschaftswissenschaften an der Technischen Hochschule Köln beruhen.

Zu jeder Aufgabe wird der Schwierigkeitsgrad angegeben und die Zeit vorgegeben, die in der Klausur zur Bearbeitung der Aufgabe zur Verfügung steht.

Das Besondere an diesem Übungsbuch ist die ausführliche Darstellung der Musterlösungen insb. bei Fehlerschwerpunkten. Großen Wert habe ich auf die Struktur der Lösungswege gelegt. Bei einigen Aufgaben sind mehrere Lösungswege angegeben, damit möglichst viele Studierende die Lösung verstehen und somit die Klausur bestehen.

Ich wünsche den Lesern (w,m) dieses Buches viel Erfolg für die Wirtschaftsmathematik-Klausur!

Köln, im Mai 2018 Jutta Arrenberg

Inhaltsverzeichnis

Abkürzungs- und Symbolverzeichnis

Abkürzungen

bzw.	beziehungsweise
d. h.	das heißt
Def.bereich	Definitionsbereich
GE	Geldeinheit
ggf.	gegebenenfalls
glob.	global
LE	Leistungseinheit
lok.	lokal
Max.	Maximum
ME	Mengeneinheit
Min.	Minimum
NB	Nebenbedingung
u. a.	unter anderem
usw.	und so weiter
vgl.	vergleiche
z. B.	zum Beispiel

Symbole

$\mathbf{D}_f$	Definitionsbereich der Funktion f
x	produzierte und abgesetzte Mengeneinheiten
p	Verkaufspreis in Geldeinheiten pro Mengeneinheit
$p(x)$	Preis-Absatz Funktion
$x(p)$	Preis-Absatz Funktion
$U(x)$	Umsatzfunktion, Erlösfunktion
$K(x)$	Kostenfunktion, Gesamtkosten
$k(x)$	Stückkosten, Durchschnittskosten
$K_v(x)$	variable Kosten
$k_v(x)$	variable Stückkosten

$K_f(x)$	Fixkosten
$G(x)$	Gewinnfunktion
R_1	Rohmaterial R_1
r_1	Anzahl der Mengeneinheiten von Rohmaterial R_1
Z_1	Zwischenprodukt Z_1
E_1	Endprodukt E_1
e_1	Anzahl der Mengeneinheiten von Endprodukt E_1
$f_x(x, y)$	partielle Ableitung erster Ordnung in Richtung der x-Achse
$f_y(x, y)$	partielle Ableitung erster Ordnung in Richtung der y-Achse
$f_{xx}(x, y)$	partielle Ableitung zweiter Ordnung zweimal in Richtung der x-Achse
$f_{yy}(x, y)$	partielle Ableitung zweiter Ordnung zweimal in Richtung der y-Achse
$f_{xy}(x, y)$	(gemischte) partielle Ableitung zweiter Ordnung
$D(x, y)$	Determinante der Hesse-Matrix $D(x, y) = f_{xx}(x, y) \cdot f_{yy}(x, y) - [f_{xy}(x, y)]^2$
λ	Lagrange-Multiplikator
$L(x, y, \lambda)$	Lagrangefunktion
↯	Zeichen für einen Widerspruch

Emoticons

Lösungen

Schwierigkeitsgrad/Bearbeitungszeit

Häufig gemachte Fehler

Tipp

Wissenswertes/Hintergrundwissen

Checkliste

Formeln

Literatur

Kapitel 1: Wichtiges vorab

Mathematik kennt jeder Studierende aus der Schulzeit. Zu Beginn des Studiums ist aber bei den meisten Studierenden der Schulabschluss in Mathematik mehr als ein Jahr her und somit „verjährt“. In vielen Studiengängen – nicht nur der Wirtschaftswissenschaften – steht Mathematik jedoch als Pflichtmodul im Studienverlaufsplan. Mathematik bildet die Grundlage für weiterführende Module wie z. B. Finanz- und Investitionsmanagement, Internes Rechnungswesen, Makroökonomie, Mikroökonomie und für Schwerpunktfächer wie z. B. Controlling, Externes Rechnungswesen, Investition und Finanzierung, Logistik, Personalmanagement, Unternehmensführung und Wirtschaftsprüfung.

In letzter Zeit nehmen auch einige Studierende fachfremder Fakultäten freiwillig an der Wirtschaftsmathematik-Klausur teil, um in einem geplanten Masterstudium besser vorbereitet zu sein, als ihre eigene Fakultät dies ermöglicht.

Mathematik ist aus dem Alltag nicht wegzudenken. Aus Unkenntnis wird unter Mathematik oft lediglich das Rechnen mit Zahlen verstanden. Dabei ist Mathematik weit mehr als das, was sich auch mit einem Taschenrechner lösen lässt.

Nach Abschluss eines Studiums beim Einstieg ins Berufsleben zeigt sich, dass Mathematik-Kenntnisse unabdingbar sind. Nicht immer muss dann ein mathematisches Problem gelöst werden, sondern es werden Experten (w,m) hinzugezogen. Jedoch müssen die Aufgabenstellung erkannt und die Lösung des Problems verstanden werden.

1.1 Wieso Mathematik?

Welche Kenntnisse in Mathematik benötigt werden, hängt davon ab, was jemand in seinem Leben erreichen möchte. So sind Prozentrechnung und Dreisatz durchaus wichtige Verfahren im Alltag. Diese beiden Verfahren allein reichen jedoch nicht aus, um ein Studium in einem wirtschaftswissenschaftlichen Fach erfolgreich zum Abschluss zu bringen.

Im Studium werden u. a. Modelle aufgestellt und diskutiert, um daraus Erkenntnisse für wirtschaftliches, nachhaltiges Handeln abzuleiten. Es sollen logische Zusammenhänge zwischen ökonomischen Größen wie z. B. Gewinn, Umsatz, Preis, Stückkosten aufgedeckt werden. Aus diesen Zusammenhängen ergeben sich Strukturen, die mit Logik auf wiederkehrende Muster untersucht werden.

Das Erlernen von Logik ist ein wichtiger Schritt im Studium. Dazu bietet die Mathematik eine Vielzahl von Anwendungen, an denen Studierende ihren Wissensstand ausprobieren können. Kaum eine Abschlussarbeit im Fachgebiet Wirtschaftswissenschaften kommt ohne Mathematik aus.

Später im Berufsleben ist die Mathematik auch wichtig: Sie wird gebraucht für Analysen, Prognosen, Optimierung, Simulationen, um nur einige Beispiele zu nennen. Damit sollen Abläufe optimiert, Ergebnisse kontrolliert, Investitionen beurteilt, Projekte eingeschätzt, Finanzen dokumentiert, Nachfragen usw. berechnet werden.

Was auch immer Ihr Grund ist, Mathematik zu lernen, die nachfolgenden Kapitel sollen Sie dabei unterstützen, die Klausur mit einer guten Note zu meistern.

1.2 Bearbeitungshinweise

Oft berichten Studierende, sie hätten alle Klausuraufgaben lösen können und seien nur deshalb durch die Klausur gefallen, weil sie für die Bearbeitung der Aufgaben mehr **Zeit** als vorgesehen benötigt hätten. Um diese Fehleinschätzung zu vermeiden und damit einem Nicht-Bestehen vorzubeugen, ist in diesem Buch bei jeder Aufgabe die jeweilige maximale Bearbeitungszeit vorgegeben. Stoppen Sie deshalb pro Aufgabe Ihre Bearbeitungszeit. Es reicht nicht, die Aufgaben lösen zu können, sondern eine Aufgabe muss binnen der Zeitvorgabe gelöst werden.

Der **Schwierigkeitsgrad** einer Aufgabe wird in drei Stufen (einfach, mittelschwer, schwer) vorgegeben. Diese Angaben sollen beim Lernen ein Feedback darstellen, wie weit oder wie nah diese Aufgabe am Lernziel liegt. Prüflinge sind in der Klausur häufig aufgeregt, sodass das Üben gerade von schweren Aufgaben sehr wichtig ist.

Ist eine **Teilaufgabe** alphabetisch mit [a], [b], [c] usw. nummeriert, so ist die Reihenfolge der Bearbeitung der Aufgabe beliebig. Ist hingegen eine Teilaufgabe mit den Ziffern [1], [2], [3] usw. nummeriert, so muss diese Aufgabe auch genau in dieser Reihenfolge bearbeitet werden.

Das Üben für eine Wirtschaftsmathematik-Klausur erfolgt in drei aufeinander aufbauenden Etappen:

- In der ersten Etappe wird das Rechnen mit Matrizen und Vektoren geübt, es werden Lösungen von Gleichungssystemen bestimmt und es werden Grenzwerte von Funktionen durch Faktorisieren berechnet.
- In der zweiten Etappe wird das Ableiten geübt. Ableitungen kommen in jeder Wirtschaftsmathematik-Klausur vor. Viele Aufgaben bauen auf Ableitungen auf.
- In der dritten Etappe werden Kurvendiskussionen geführt.

Erst wenn das Wissen einer Etappe vollständig verstanden wurde, sollte das Wissen der nächsten Etappe bearbeitet werden.

Im Gegensatz zu etlichen anderen Fächern lässt sich in einer Mathematik-Klausur gut erkennen, was zu berechnen ist, also ob Ableitungen bestimmt werden sollen oder Extremstellen gesucht sind oder eine Elastizität zu berechnen ist usw. Die Aufgaben zu diesen einzelnen Themen finden Sie im Kapitel 2 bis Kapitel 9. Dann gibt es in Klausuren noch vermischte Fragestellungen, die sich nicht nur einem Themengebiet zuordnen lassen. Diese Aufgaben finden Sie im Kapitel 10.

Formel-Navigator

Eine umfassende Formelsammlung befindet sich am Ende des Buches ab der Seite 161. Die Formeln sind nummeriert.

Die Formelsammlung ist gegliedert in zwei Teile. Im ersten Teil ab der Seite 161 sind **Formeln aus dem Studium** angegeben. Diese Formeln stehen Ihnen auch während der Klausur zur Verfügung. Im zweiten Teil ab der Seite 163 sind **Formeln aus der Schulzeit** angegeben, die Sie bereits aus der Schulzeit kennen sollten. Deshalb stehen Ihnen diese Formeln während der Klausur nicht zur Verfügung.

Die ausführlichen Lösungen zu den einzelnen Aufgaben beginnen ab der Seite 67. Zum besseren Verständnis dieser Musterlösungen wurde bei jedem Lösungsweg die zugehörige Nummer der Formel aus der Formelsammlung angegeben.

1.3 Vor der Klausur

Ein **Zeitplan**, wann was gelernt wird, ist für eine gute Klausur-Vorbereitung unerlässlich. Außerdem verschafft solch ein Zeitplan Zuversicht, die Klausur auch mit einer guten Note zu bestehen.

Zur Erstellung des Zeitplans schreiben Sie sich bitte alle klausurrelevanten Themen auf. Anschließend verteilen Sie die Themen gleichmäßig auf die verbleibenden Tage bis zur Klausur.

Rechnen Sie zu jedem klausurrelevanten Thema so lang Beispiele, bis Sie den Eindruck haben, das Thema verstanden zu haben. Oft reichen zu jedem Thema (mit Ausnahme von Ableitungen) etwa fünf Beispiele. Machen Sie sich dabei mit den Formeln vertraut, die Ihnen in der Klausur zur Verfügung stehen. Und achten Sie darauf, welche Formeln Sie auswendig wissen müssen, weil sie Ihnen in der Klausur nicht zur Verfügung stehen.

Nichts beruhigt vor der Klausur die Nerven so gut wie das Erfolgserlebnis, Aufgaben lösen zu können.

Am Abend vor der Klausur legen Sie bitte sämtliche **Utensilien** für die morgige Klausur griffbereit hin: erlaubte Hilfsmittel wie z. B. Taschenrechner, Schreibmaterial mit Ersatzstift (kein Bleistift), Stifte in bunten Farben zum Markieren (bitte kein Rot), ggf. eine Uhr (Vorsicht: Mobiltelefone sind in Klausuren nicht zugelassen, sie gelten als Täuschungsversuch). Falls erlaubt, so nehmen Sie sich etwas zu trinken mit, am besten Wasser oder

Tee. Und falls die Klausur lang ist, nehmen Sie sich auch etwas zu essen mit. Kaugummi und Nüsse sind sehr gut, weil sie die Durchblutung des Gehirns fördern.

1.4 Während der Klausur

Als erstes tragen Sie bitte Ihren Namen auf das Deckblatt der Klausur in das dafür vorgesehene Namensfeld ein.

Lesen Sie eine Aufgabe vor der Bearbeitung einmal komplett durch und achten Sie dabei präzise darauf, **was** genau gefragt ist. Für richtige Antworten auf Fragen, die gar nicht gestellt wurden, gibt es keine Punkte.

Versuchen Sie, in der Klausur möglichst **viele Aufgaben** zu bearbeiten. Suchen Sie niemals einen **Rechenfehler**, wenn Ergebnisse Ihnen nicht sinnvoll erscheinen, da Rechenfehler einen geringeren Punktabzug bedeuten als fehlende bearbeitete Aufgaben. (Häufiger Fehler in der Klausur ist, dass eine Zahl aus der Aufgabenstellung falsch abgeschrieben wird. Diesen Fehler finden Sie während der Klausur nicht.)

Markieren Sie wichtige Informationen farblich. Als Buchstaben für Variablen wählen Sie die Anfangsbuchstaben der ökonomischen Größen. Schreiben Sie Tabellen bitte nicht ab (das kostet zu viel Zeit), sondern ergänzen Sie die Tabellen in der Aufgabenstellung. Meistens lassen die Prüfer (w,m) in Tabellen genügend Platz für weitere Spalten oder für die letzte Zeile.

Fehlen Ihnen zum Weiterrechnen **Zwischenergebnisse**, so nehmen Sie einen Wert an, den Sie für geeignet halten. Notieren Sie das in Ihrer Klausur „Annahme: Der Wert beträgt . . . ". Rechnen Sie anschließend mit diesem angenommenen Wert weiter, um den Prüfern zu zeigen, dass Sie das Verfahren beherrschen und um ggf. Folgepunkte zu erhalten.

Denken Sie an Antwortsätze, wenn die Aufgabe als Frage formuliert ist. Ein kurzer **Antwortsatz** lautet z. B.: „Der gesuchte Wert beträgt . . . ."

Kontrollieren Sie in der Klausur niemals Ihre Ergebnisse, indem Sie eine **Probe** rechnen. Es sei denn, Sie haben schon alle Aufgaben gelöst. Hintergrund ist, dass sich einige Prüflinge erst bei der Probe verrechnen und dann richtige Ergebnisse durchstreichen.

Manche Prüflinge geraten in Unruhe, wenn der Sitznachbar laut aufseufzt oder permanent mit den Füßen scharrt. (So ist häufig zu beobachten, dass beim Abbruch einer Klausur Sitznachbarn ebenfalls die Klausur abbrechen.) Versuchen Sie deshalb, die **Ruhe zu bewahren**. Sie haben jetzt keine andere Chance, außer dass Sie alles, was Sie können, aufschreiben. Und versuchen Sie dabei, eine Atmosphäre der Ruhe um sich zu erzeugen, ignorieren Sie die Geräusche Ihrer Sitznachbarn.

1.5 Nach der Klausur

Ist eine Klausur erst einmal abgegeben, so haben Sie keinen Einfluss mehr auf die Note.

Eine **Krankmeldung** nach Abgabe der Klausur sieht die Prüfungsordnung nicht vor. Das bedeutet, sobald Sie sich während des Schreibens einer Klausur krank fühlen, sollten Sie die Klausur abbrechen und noch am Klausurtag ein ärztliches Attest einholen und dem

Prüfungsamt zukommen lassen, damit dieser Versuch, die Klausur mitzuschreiben, ggf. annulliert wird. Einige Hochschulen haben vorgefertigte Formulare für ein Attest, das bei der Klausuraufsicht bereit liegt.

Tauschen Sie sich nach der Klausur mit anderen Prüflingen über die Ergebnisse der Aufgaben aus. Das beruhigt und schweißt zusammen.

1.6 Checkliste zur Klausur

In der nachfolgenden Liste sind einige Punkte zusammengefasst, die zum Bestehen einer Klausur sehr hilfreich sind:

Checkliste: Daran sollten Sie unbedingt denken!

- Studierendenausweis mit Lichtbild mitnehmen.
- Uhr mitnehmen (Mobiltelefone zu Hause oder im Schließfach der Hochschule oder ausgeschaltet in Ihrer Aktentasche deponieren).
- Zugelassene Hilfsmittel wie z. B. Taschenrechner mitnehmen.
- Schreibutensilien plus Ersatzstift mitnehmen.
- Ggf. Trinken und Essen mitnehmen.
- Versuchen Sie in der Klausur ruhig zu bleiben unabhängig vom Verhalten Ihres Sitznachbarn.
- Lesen Sie eine Aufgabe vor der Bearbeitung einmal vollständig durch.
- Bearbeiten Sie so viele Aufgaben wie eben möglich.
- Suchen Sie keine Rechenfehler in der Klausur.
- Rechnen Sie niemals eine Probe in der Klausur.
- Erweitern Sie Tabellen im Aufgabentext, anstatt die Tabellen erneut abzuschreiben.
- Eine als Frage formulierte Aufgabe erfordert für die volle Punktzahl einen Antwortsatz.

Kapitel 2:

Matrizenrechnung

Studierende berechnen eine Matrizenmultiplikation gerne mit dem Taschenrechner. Prüfer hingegen verwenden gerne Variablen/Buchstaben, sodass die gesuchte Matrizenmultiplikation sich nicht mit einem Taschenrechner lösen lässt.

Das sollten Sie wissen!

Rechenregeln für Matrizen:

stets	im Allgemeinen
$(A+B)+D = A+(B+D)$	$A \cdot B \neq B \cdot A$
$A+B = B+A$	
$A(B+D) = AB + AD$	
$(A \cdot B) \cdot C = A \cdot (B \cdot C)$	
$A \cdot E = A$	
$E \cdot A = A$	
$\left(A^t\right)^t = A$	
$(A \cdot B)^t = B^t \cdot A^t$	

Wobei E die Einheitsmatrix bezeichnet.

Das sollten Sie wissen!

Zur Matrizenrechnung gehört auch das Rechnen mit Vektoren. Matrizen vom Typ$(m;1)$ sind (Spalten-)Vektoren, Matrizen vom Typ $(1;n)$ sind Zeilenvektoren, wobei gilt $m, n \in \mathbb{N}$.

2.1 Matrizen mit Zahlen

Aufgabe 2.1

Schwierigkeit: mittelschwer **Zeit:** 6 Minuten

Gegeben sind der Vektor x und die Matrix A wie folgt:

$$x = \begin{pmatrix} 1 \\ 2 \\ -1 \end{pmatrix} \text{ und } A = \begin{bmatrix} 4 & 3 & -1 \\ 2 & 7 & -3 \\ -5 & 2 & 1 \end{bmatrix}$$

Berechnen Sie:

[a] $x^t \cdot A$

[b] $A \cdot x$

[c] $x^t \cdot A \cdot x$ ◄

Aufgabe 2.2

Schwierigkeit: einfach **Zeit:** 4 Minuten

In einem zweistufigen Produktionsprozess werden in der ersten Stufe aus den Rohmaterialien R_1, R_2 die Zwischenprodukte Z_1, Z_2 hergestellt. In einer zweiten Stufe werden aus den Zwischenprodukten die Endprodukte E_1, E_2 hergestellt.
Kurz: $R_1, R_2 \longrightarrow Z_1, Z_2 \longrightarrow E_1, E_2$.

Der Direktbedarf an Mengeneinheiten ist in folgender Materialflussgrafik (Gozintograph) dargestellt:

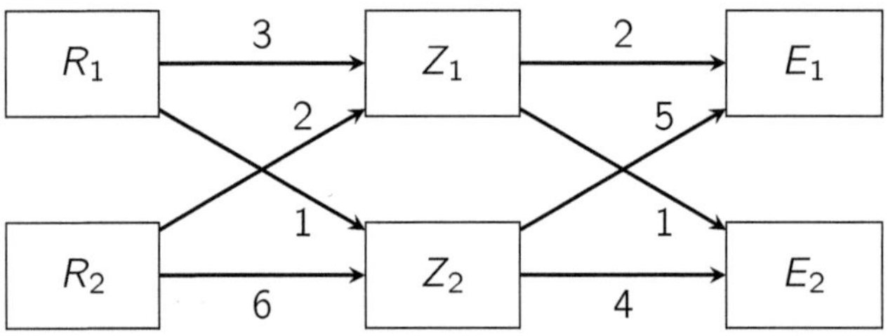

Wie viele Mengeneinheiten der Rohstoffe R_1, R_2 werden insgesamt benötigt, um jeweils eine Mengeneinheit der Endprodukte E_1 bzw. E_2 herzustellen? ◄

Aufgabe 2.3

Schwierigkeit: mittelschwer **Zeit:** 6 Minuten

Bei einem dreistufigen Produktionsprozess werden aus Rohstoffen R_1 und R_2, Zwischenprodukte Z_1 und Z_2, daraus Vorprodukte V_1 und V_2 und schließlich Endprodukte E_1 und E_2 gemäß folgender Materialflussgrafik hergestellt:

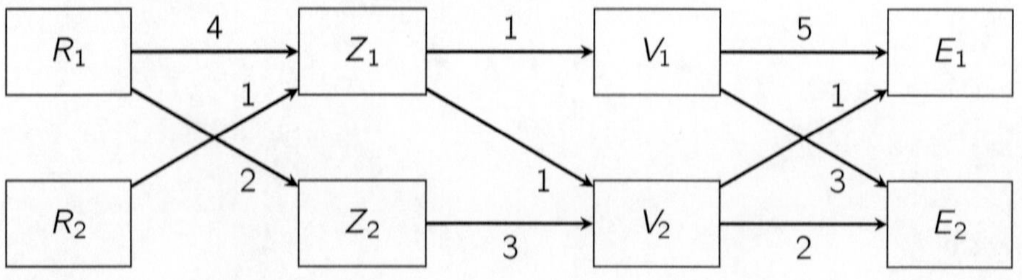

Geben Sie die Gesamtbedarfsmatrix an. ◄

Aufgabe 2.4

Schwierigkeit: einfach **Zeit:** 4 Minuten

Gegeben sind die beiden folgenden Matrizen:

$$A = \begin{bmatrix} 2 & 4 \\ 6 & 1 \end{bmatrix} \text{ und } B = \begin{bmatrix} 3 & 1 \\ 7 & 5 \end{bmatrix}$$

Berechnen Sie:

[a] $3A - B$

[b] $A \cdot B$

[c] $B \cdot A$ ◄

2.2 Matrizen mit Buchstaben

Das sollten Sie wissen!

Reihenfolge der Rechenarten mit Matrizen:

Priorität	Rechenart
1	Transponieren
2	Multiplizieren
3	Addieren/Subtrahieren

Aufgabe 2.5

Schwierigkeit: schwer **Zeit:** 5 Minuten

A, B, C seien (n, n)-Matrizen und E die (n, n)-Einheitsmatrix; $n \in \mathbb{N}$. Ferner bezeichnet A^t die transponierte Matrix (Transponierte) von A.
Lösen Sie die Klammern auf und fassen Sie, soweit es geht, zusammen:

[a] $(A^t \cdot 5B)^t$

[b] $E(A - C)B - A(2B - C)$

[c] $(A + B)^t - (2A \cdot E)^t$ ◀

Aufgabe 2.6

Schwierigkeit: mittelschwer **Zeit:** 5 Minuten

Gegeben sind die beiden Matrizen:

$$A = \begin{bmatrix} a & b & 3 \\ -1 & 2 & -5 \\ 7 & c & -4 \end{bmatrix} \text{ und } B = \begin{bmatrix} 1 & 0 & 0 \\ 0 & 1 & 0 \\ 0 & 0 & 1 \end{bmatrix} \text{ mit } a, b, c \in \mathbb{R}$$

Berechnen Sie:

[a] A^t

[b] $B - A$

[c] $A \cdot B$ ◀

Aufgabe 2.7

Schwierigkeit: einfach **Zeit:** 5 Minuten

A, B, C seien $(3, 3)$-Matrizen und E sei die Einheitsmatrix vom Typ (3,3). Lösen Sie die Klammern auf und fassen Sie, soweit es geht, zusammen:

[a] $(2A - B)C + CB$

[b] $(2A - B)E + B$

[c] $(2A - B)B - 2AB$ ◀

Aufgabe 2.8

Schwierigkeit: mittelschwer **Zeit:** 5 Minuten

Gegeben seien die Matrizen A und B durch:

$$A = \frac{1}{\sqrt{2}} \cdot \begin{pmatrix} 3 & 2 \\ 1 & 2 \\ 4 & 0 \end{pmatrix} \text{ und } B = \frac{1}{\sqrt{2}} \cdot \begin{pmatrix} 1 & a \\ 1 & 1 \end{pmatrix} \quad \text{mit } a \in \mathbb{R}$$

Berechnen Sie die Matrizenprodukte $A \cdot B$ und B^2. ◀

Aufgabe 2.9

Schwierigkeit: einfach **Zeit:** 5 Minuten

A, B, C seien 4×4-Matrizen und E die 4×4-Einheitsmatrix. Reduzieren Sie die nachfolgenden Terme so, dass die Anzahl der erforderlichen Matrizenmultiplikationen minimal ist:

[a] $A(2B + C) - 3AC$

[b] $3(AB + 2CA) - 6AC$

[c] $A(B + E) - E(A - B)B$ ◀

2.3 Häufige Fehler in Klausuren

Fehler, die Sie vermeiden sollten!

Für zwei reelle Zahlen a, b gilt das Kommutativgesetz der Multiplikation:

$$a \cdot b = b \cdot a$$

so ist z. B. das Produkt $3 \cdot 7$ dasselbe wie $7 \cdot 3$. Hingegen gilt bis auf wenige Ausnahmen für zwei Matrizen A, B:

$$A \cdot B \neq B \cdot A$$

wie z. B. in Aufgabe 2.4. Diese Besonderheit der Matrizenrechnung ist in Klausuren eine häufige Fehlerquelle. Der Fehler, der dann auftritt, ist, dass z. B. in Aufgabe 2.9 nicht unterschieden wird zwischen CA und AC.

Tipp!

Das Produkt $A \cdot B$ zweier Matrizen A, B kann nur dann berechnet werden, wenn die Anzahl der Spalten von A genauso groß ist wie die Anzahl der Zeilen von B.

Ist A z. B. eine 2×3-Matrix, so muss B genau drei Zeilen haben, B kann z. B. eine 3×4-Matrix sein. Das Matrizenprodukt $C = A \cdot B$ ist dann eine 2×4 Matrix:

$$A_{(2,3)} \cdot B_{(3,4)} = C_{(2,4)}$$

Hingegen existiert das Matrizenprodukt $B \cdot A$ nicht, weil die Anzahl der Spalten von B nicht genauso groß ist wie die Anzahl der Zeilen von A. Kurz: $B_{(3,4)} \cdot A_{(2,3)}$ lässt sich nicht berechnen.

Somit ist offensichtlich, dass für Matrizen das Kommutativgesetz der Multiplikation nicht gelten kann. Also kann es im Allgemeinen nicht gelten, dass $A \cdot B$ dasselbe ist wie $B \cdot A$.

Kapitel 3:

Gleichungssysteme

Das sollten Sie wissen!

Beim Lösen eines linearen Gleichungssystems können genau drei Fälle auftreten:

- Das Gleichungssystem hat keine Lösung.
- Das Gleichungssystem hat genau eine Lösung.
- Das Gleichungssystem hat mehr als eine Lösung.

3.1 Ohne Lösung

Aufgabe 3.1

Schwierigkeit: einfach **Zeit:** 10 Minuten

Ein Unternehmer stellt vier Produkte E_1, E_2, E_3, E_4 aus den Rohstoffen R_1, R_2, R_3, R_4 her. Der Bedarf an Rohstoffmengen für jeweils eine Stückzahl der Endprodukte ist aus der folgenden Tabelle ersichtlich:

		Endprodukte			
		E_1	E_2	E_3	E_4
	R_1	1	1	2	0
Roh-	R_2	1	2	3	1
stoffe	R_3	0	1	1	2
	R_4	0	0	0	1

Als Vorrat stehen vier Mengeneinheiten von R_1, sieben Mengeneinheiten von R_2, drei Mengeneinheiten von R_3 und eine Mengeneinheit von R_4 zur Verfügung.

Es sind die Stückzahlen e_1, e_2, e_3, e_4 der Endprodukte zu ermitteln, wenn von den Rohstoffen nichts übrig bleiben soll.

Die Tochter des Unternehmers teilt ihrem Vater mit, dass das Problem unlösbar sei. Beweisen Sie dies, indem Sie das Gleichungssystem aufstellen und untersuchen. ◀

3.2 Eindeutige Lösung

Aufgabe 3.2

Schwierigkeit: mittelschwer **Zeit:** 15 Minuten

Jede der drei Kostenstellen K_1, K_2, K_3 des Unternehmens A erbringt Leistungen (gemessen in LE) für die jeweils anderen Kostenstellen und für Kunden außerhalb des Unternehmens gemäß folgender Tabelle:

von	an			
	K_1	K_2	K_3	Kunden
K_1	0	25	15	70
K_2	20	0	10	90
K_3	40	30	0	110

Die Primärkosten betragen 300 GE in K_1, 200 GE in K_2 und 270 GE in K_3.

[1] Stellen Sie das lineare Gleichungssystem zur Berechnung der innerbetrieblichen Verrechnungspreise auf.

[2] Bestimmen Sie die innerbetrieblichen Verrechnungspreise mithilfe des Gaußalgorithmus. ◀

Aufgabe 3.3

Schwierigkeit: einfach **Zeit:** 10 Minuten

Bestimmen Sie mit dem Gaußalgorithmus die Lösungsmenge des folgenden linearen Gleichungssystems:

$$\begin{array}{lrcl} \text{I} & 2x_1 + 4x_3 & = & 24 \\ \text{II} & x_1 + 4x_2 + 2x_3 & = & 30 \\ \text{III} & 7x_1 + 6x_2 + 6x_3 & = & 71 \end{array}$$

◀

Aufgabe 3.4

Schwierigkeit: einfach **Zeit:** 10 Minuten

Bestimmen Sie die Lösungsmenge des folgenden Gleichungssystems:

$$\begin{array}{lrcl} \text{I} & x_1 + x_2 + 2x_3 & = & 90 \\ \text{II} & 3x_1 + 2x_2 + 5x_3 & = & 220 \\ \text{III} & 5x_1 + 7x_2 + 9x_3 & = & 460 \end{array}$$

◀

Aufgabe 3.5

Schwierigkeit: einfach **Zeit:** 12 Minuten

Aus den Rohstoffen R_1, R_2, R_3 werden die drei Endprodukte E_1, E_2, E_3 hergestellt. Der Rohstoffgesamtbedarf (in Mengeneinheiten (ME)) ist wie folgt:

- Für die Erzeugung einer Mengeneinheit des Endprodukts E_1 werden 2 ME von R_1, 4 ME von R_2 und 9 ME von R_3 benötigt.
- Für die Erzeugung einer Mengeneinheit des Endprodukts E_2 werden 1 ME von R_1, 2 ME von R_2 und 3 ME von R_3 benötigt.
- Für die Erzeugung einer Mengeneinheit des Endprodukts E_3 werden 1 ME von R_1, 1 ME von R_2 und 1 ME von R_3 benötigt.

Es stehen insgesamt 12 ME von R_1, 23 ME von R_2 und 40 ME von R_3 für die Produktion zur Verfügung. Berechnen Sie für diesen Vorrat an Rohmaterial das Produktionsprogramm und gehen Sie dabei wie folgt vor:

[1] Stellen Sie das Gleichungssystem auf.

[2] Bestimmen Sie die Lösung des Gleichungssystems mit dem Gaußalgorithmus. ◀

Aufgabe 3.6

Schwierigkeit: mittelschwer **Zeit:** 15 Minuten

Jede der drei Kostenstellen K_1, K_2 und K_3 eines Unternehmens erbringt Leistungen (in Leistungseinheiten) für die jeweils anderen Kostenstellen und für Kunden außerhalb des Unternehmens gemäß folgender Tabelle:

von	an			
	K_1	K_2	K_3	Kunden
K_1	0	10	20	70
K_2	15	0	35	50
K_3	30	45	0	25

Primärkosten fallen bei K_1 in Höhe von 35 GE, bei K_2 in Höhe von 100 GE und bei K_3 in Höhe von 255 GE an.

[1] Stellen Sie das Gleichungssystem zur Berechnung der innerbetrieblichen Verrechnungspreise auf.

[2] Bestimmen Sie die innerbetrieblichen Verrechnungspreise mit dem Gaußalgorithmus. ◀

Aufgabe 3.7

Schwierigkeit: mittelschwer **Zeit:** 4 Minuten

In einem Produktionsprozess werden aus drei Rohmaterialien R_1, R_2, R_3 die Endprodukte E_1, E_2, E_3 hergestellt. Die Rohmaterialkosten für jeweils eine ME der Endprodukte betragen 140 GE für E_1, 135 GE für E_2 und 91 GE für E_3. Der Gesamtbedarf an Rohmaterial für jeweils eine ME der Endprodukte ist wie folgt:

	E_1	E_2	E_3
R_1	5	8	9
R_2	11	10	3
R_3	7	5	4

Stellen Sie das Gleichungssystem auf, mit dem die Kosten pro ME der Rohmaterialien berechnet werden könnten. (Keine Berechnung des Gleichungssystems!) ◀

3.3 Mehrdeutige Lösung

Aufgabe 3.8

Schwierigkeit: mittelschwer **Zeit:** 10 Minuten

Gegeben ist das folgende Gleichungssystem:

I $2x_1 + x_2 + 3x_3 = 80$

II $5x_1 + 2x_2 + 4x_3 = 130$

III $4x_1 + x_2 - x_3 = 20$

Bestimmen Sie die Lösungsmenge des Gleichungssystems. ◀

3.4 Nicht negative ganzzahlige Lösung

Aufgabe 3.9

Schwierigkeit: mittelschwer **Zeit:** 15 Minuten

Gegeben ist das folgende lineare Gleichungssystem:

I	$5x_1 - 2x_2 + 300x_3$	$=$	$3\,100$
II	$3x_1 + 4x_2 - 340x_3$	$=$	300
III	$2x_1 + 2x_2 - 160x_3$	$=$	400

[1] Bestimmen Sie mit dem Gaußalgorithmus die Lösungsmenge des Gleichungssystems.

[2] Geben Sie alle nicht negativen Lösungen an.

[3] Bestimmen Sie die nicht negativen ganzzahligen Lösungen. ◀

Aufgabe 3.10

Schwierigkeit: schwer **Zeit:** 7 Minuten

Bei der Berechnung eines Produktionsprogramms (e_1, e_2, e_3) mit Hilfe des Gaußalgorithmus ergibt sich das folgende Endtableau:

Zeile	e_1	e_2	e_3	
⑦	2	3	−1	21
⑧	0	5	−2	−75
⑨	0	0	0	0

[1] Bestimmen Sie die Lösungsmenge des Gleichungssystems.

[2] Geben Sie alle nicht negativen Lösungen an.

[3] Bestimmen Sie die nicht negativen ganzzahligen Lösungen. ◀

Aufgabe 3.11

Schwierigkeit: schwer **Zeit:** 7 Minuten

Das Endtableau eines Gaußalgorithmus sieht wie folgt aus:

Zeile	x_1	x_2	x_3	
①	7	0	71	1 400
②	0	7	−11	−70
③	0	0	0	0

bzw. $\left(\begin{array}{ccc|c} 7 & 0 & 71 & 1\,400 \\ 0 & 7 & -11 & -70 \\ 0 & 0 & 0 & 0 \end{array}\right)$

[1] Bestimmen Sie die Lösungsmenge des zugrunde liegenden Gleichungssystems.

[2] Bestimmen Sie alle nicht negativen Lösungen.

[3] Bestimmen Sie alle nicht negativen ganzzahligen Lösungen. ◄

Aufgabe 3.12

Schwierigkeit: mittelschwer **Zeit:** 15 Minuten

In einem Produktionsprozess werden aus den drei Rohmaterialien R_1, R_2, R_3 drei Endprodukte E_1, E_2, E_3 hergestellt. Der Bedarf (in ME) an Rohmaterialien für jeweils eine ME der Endprodukte lautet wie folgt:

	E_1	E_2	E_3
R_1	10	1	10
R_2	40	5	30
R_3	50	6	40

An Vorrat im Lager liegen folgende ME des Rohmaterials:

	Vorrat
R_1	350
R_2	1 350
R_3	1 700

Bestimmen Sie, wie viele ME der Endprodukte sich aus dem Vorrat herstellen lassen, wenn der gesamte Vorrat verbraucht werden soll. Gehen Sie dazu wie folgt vor:

[1] Stellen Sie das Gleichungssystem auf.

[2] Bestimmen Sie die Lösungsmenge des Gleichungssystems.

[3] Bestimmen Sie alle nicht negativen Lösungen.

[4] Bestimmen Sie alle nicht negativen ganzzahligen Lösungen.

[5] Geben Sie eine spezielle nicht negative ganzzahlige Lösung an. ◄

Aufgabe 3.13

Schwierigkeit: mittelschwer **Zeit:** 15 Minuten

Gegeben ist das folgende Gleichungssystem:

$$\begin{array}{lrcl} \text{I} & 2x_1 + 5x_2 + 2x_3 & = & 60 \\ \text{II} & x_1 + 4x_2 + 4x_3 & = & 60 \\ \text{III} & x_1 + 2x_2 & = & 20 \end{array}$$

[1] Bestimmen Sie die Lösungsmenge des Gleichungssystems.

[2] Bestimmen Sie alle nicht negativen Lösungen. alle $x > 0$

[3] Bestimmen Sie alle nicht negativen ganzzahligen Lösungen. ◀

Aufgabe 3.14

Schwierigkeit: mittelschwer **Zeit:** 15 Minuten

Gegeben sei das folgende Gleichungssystem:

$$\begin{array}{lrcl} \text{I} & x_1 + 3x_2 - x_3 & = & 35 \\ \text{II} & 2x_1 + x_2 + 13x_3 & = & 65 \\ \text{III} & 2x_1 - 4x_2 + 28x_3 & = & 60 \\ \text{IV} & 3x_1 + 4x_2 + 12x_3 & = & 100 \end{array}$$

[1] Bestimmen Sie alle nicht negativen Lösungen.

[2] Bestimmen Sie eine beliebige nicht negative ganzzahlige Lösung. ◀

3.5 Häufige Fehler in Klausuren

Fehler, die Sie vermeiden sollten!

Neben Rechenfehlern ist ein häufiger Fehler in Klausuren, dass beim Gaußalgorithmus durch eine Rechenoperation die schon erreichte Staffelform wieder zerstört wird.

Würde z. B. in Aufgabe 3.2 die Zeile $\textcircled{12}$ berechnet durch $\textcircled{12} = \textcircled{9} - 14 \cdot \textcircled{7}$, so stände zwar in der Zeile $\textcircled{12}$ unter dem Pivotelement die gewünschte Null:

$$\textcircled{12} = \textcircled{9} - 14 \cdot \textcircled{7} = (-154, 0, 440, 264)$$

Jedoch wäre die schon erreichte Staffelform wieder zerstört, weil die erste Zahl in der Zeile ⑫ nicht mehr eine Null ist.

Der häufige Fehler in Klausuren ist dann, dass statt ⑫ = (-154,0,440,264) fälschlicherweise geschrieben wird ⑫ = (0,0,440,264). Dieser Fehler wird von Prüfern nicht mehr als Rechenfehler mit einem nur geringen Punktabzug gewertet, sondern als Verständnisfehler mit einem erheblichen Punktabzug.

Fehler, die Sie vermeiden sollten!

Ein weiterer Fehler in Klausuren ist, dass beim Gaußalgorithmus eine äquivalente Umformung gleich zweimal durchgeführt wird. Dieser Fehler erzeugt eine komplette Nullzeile und somit eine falsche Lösung.

Würden z. B. in Aufgabe 3.2 die Zeilen ⑧ und ⑨ wie folgt berechnet:

$$\textcircled{8} = 3 \cdot \textcircled{5} - 5 \cdot \textcircled{6} = (0, 82, -198, -150)$$
$$\textcircled{9} = 5 \cdot \textcircled{6} - 3 \cdot \textcircled{5} = (0, -82, 198, 150)$$

So ergäbe im nächsten Tableau die Addition der beiden Zeilen ⑧ und ⑨:

$$\textcircled{8} + \textcircled{9} = (0, 0, 0, 0)$$

eine komplette Nullzeile.

Tipp!

Diese beiden Fehler beim Gaußalgorithmus werden vermieden, wenn zur Berechnung eines neuen Tableaus ausschließlich die Zeile mit dem Pivotelement (Pivotzeile) verwendet wird. Z. B. in Aufgabe 3.2 wird das dritte Tableau nur mit Hilfe der Pivotzeile ④ berechnet.

Fehler, die Sie vermeiden sollten!

Um alle nicht negativen Lösungen eines mehrdeutigen Gleichungssystems zu finden, muss mit Ungleichungen gerechnet werden (siehe z. B. Teilaufgabe [2] aus Aufgabe 3.9). Aus Unkenntnis wird dann in Klausuren mit dem Gleichheitszeichen statt mit dem Ungleichheitszeichen gerechnet, was zu Punktabzügen führt.

Tipp!

Das Rechnen mit Ungleichungen erfordert weniger Aufwand, wenn in einer Ungleichung im ersten Rechenschritt der negative Summand auf beiden Seiten addiert wird, z. B.:

$$500 - 20x_3 \geq 0 \mid +20x_3$$
$$500 \geq 20x_3 \mid \div 20$$
$$25 \geq x_3$$
$$x_3 \leq 25$$

Fehler, die Sie vermeiden sollten!

Lautet die Aufgabe, aus einer gegebenen Matrix zunächst ein Gleichungssystem aufzustellen (wie z. B. in Aufgabe 3.1 oder Aufgabe 3.7), so ist einem Prüfling häufig nicht klar, ob das Gleichungssystem aus der Matrix zeilenweise wie in Aufgabe 3.1 oder spaltenweise wie in Aufgabe 3.7 herausgelesen wird.

Tipp!

Ob ein Gleichungssystem zeilenweise oder spaltenweise aus einer Matrix herausgelesen wird, lässt sich daran erkennen, wo die Kapazitäten stehen.

Stehen die Kapazitäten am Zeilenende wie z. B. in Aufgabe 3.1 der Vorrat:

		Endprodukte				Vorrat
		E_1	E_2	E_3	E_4	
	R_1	1	1	2	0	4
Roh-	R_2	1	2	3	1	7
stoffe	R_3	0	1	1	2	3
	R_4	0	0	0	1	1

so ist das Gleichungssystem zeilenweise herauszulesen:

$$\begin{array}{ll} \text{I} & e_1 + e_2 + 2e_3 = 4 \\ \text{II} & e_1 + 2e_2 + 3e_3 + e_4 = 7 \\ \text{III} & e_2 + e_3 + 2e_4 = 3 \\ \text{IV} & e_4 = 1 \end{array}$$

Stehen hingegen die Kapazitäten in der letzten Zeile der angegebenen Matrix, also unter jeder Spalte wie z. B. in Aufgabe 3.7 die Rohmaterialkosten für jeweils eine Mengeneinheit der Endprodukte:

	E_1	E_2	E_3
R_1	5	8	9
R_2	11	10	3
R_3	7	5	4
Kosten	140	135	91

so ist das Gleichungssystem spaltenweise herauszulesen:

$$\begin{array}{ll} \text{I} & 5q_1 + 11q_2 + 7q_3 = 140 \\ \text{II} & 8q_1 + 10q_2 + 5q_3 = 135 \\ \text{III} & 9q_1 + 3q_2 + 4q_3 = 91 \end{array}$$

Kapitel 4:

Grenzwerte von Funktionen

Das sollten Sie wissen!

Der Grenzwert $\lim\limits_{x \to x_0} \dfrac{f(x)}{g(x)}$ einer rationalen Funktion kann im Fall $f(x_0) = 0 = g(x_0)$ bestimmt werden mit:

- Faktorisieren und anschließendem Kürzen
- der Regel von de l'Hôpital

4.1 Faktorisieren

Aufgabe 4.1

Schwierigkeit: mittelschwer **Zeit:** 5 Minuten

Berechnen Sie den folgenden Grenzwert:

$$\lim_{x \to 5} \frac{9x - 45}{3x^2 - 18x + 15}$$

◀

Aufgabe 4.2

Schwierigkeit: mittelschwer **Zeit:** 5 Minuten

Berechnen Sie den folgenden Grenzwert:

$$\lim_{x \to -3} \frac{-2x^2 - 2x + 12}{3x + 9}$$ ◄

Aufgabe 4.3

Schwierigkeit: schwer **Zeit:** 5 Minuten

Berechnen Sie den folgenden Grenzwert:

$$\lim_{x \to 0} \frac{x^5 - 12x^4 + x^3 + 3x^2}{x^2}$$ ◄

4.2 Regel von de l'Hôpital

Aufgabe 4.4

Schwierigkeit: einfach **Zeit:** 5 Minuten

Berechnen Sie den folgenden Grenzwert:

$$\lim_{x \to 5} \frac{9x - 45}{3x^2 - 18x + 15}$$ ◄

Aufgabe 4.5

Schwierigkeit: einfach **Zeit:** 5 Minuten

Berechnen Sie den folgenden Grenzwert:

$$\lim_{x \to -3} \frac{-2x^2 - 2x + 12}{3x + 9}$$ ◄

Aufgabe 4.6

Schwierigkeit: schwer **Zeit:** 5 Minuten

Berechnen Sie den folgenden Grenzwert:

$$\lim_{x \to 0} \frac{x^5 - 12x^4 + x^3 + 3x^2}{x^2}$$

4.3 Häufige Fehler in Klausuren

Die meisten Studierenden bestimmen den Grenzwert einer rationalen Funktion mit der Regel von de l'Hôpital. Dabei treten außer Rechenfehlern keine gravierenden Fehler auf.

Fehler, die Sie vermeiden sollten!

Soll der Grenzwert einer rationalen Funktion hingegen durch Faktorisieren bestimmt werden, so treten zwei häufige Fehler auf:

- Beim Faktorisieren wird nicht auf das Minus-Vorzeichen geachtet. Der Faktor beim Faktorisieren lautet jedoch wie folgt:

$$\text{Faktor } = x - \text{ Nullstelle}$$

- Steht im Nenner oder Zähler der rationalen Funktion ein Polynom zweiten Grades z. B. $ax^2 + bx + c$ (wie z. B. im Nenner in Aufgabe 4.1), so muss vor Anwendung der pq-Formel zur Bestimmung der Nullstellen zunächst durch a dividiert werden. Und beim Faktorisieren erscheint der Faktor a wieder:

$$\text{Faktor } = a(x - \text{ Nullstelle})$$

Der Fehler, der dann gemacht wird, ist, dass der Faktor a vergessen wird.

Kapitel 5:
Differentiation von Funktionen einer Variablen

Das sollten Sie wissen!

Ableitungen von Funktionen lassen sich ökonomisch interpretieren. In Klausuren gibt es folgende Aufgaben dazu:

- Bestimmung der ersten, zweiten und dritten Ableitung
- Berechnung und Interpretation einer Elastizität
- Bestimmung der Monotonie einer Funktion
- Berechnung und Interpretation von Grenzkosten, Grenzerlös und Grenzproduktivität

5.1 Ableitungen

Das sollten Sie wissen!

In der Formelsammlung, die während einer Klausur zur Verfügung steht, gibt es zur Bestimmung von Ableitungen die:

- Formeln 1 bis 6 mit den Ableitungen der sechs elementaren Funktionen
- Formeln 7 bis 11 mit den fünf Ableitungsregeln.

Aufgabe 5.1

Schwierigkeit: schwer **Zeit:** 51 Minuten

Bestimmen Sie die erste Ableitung der folgenden Funktionen:

[a] $f(x) = \ln(x^2 + 1);\ x \in \mathbb{R}$

[b] $f(x) = \sqrt[3]{x^4} + 5x^2\ ; x > 0$

[c] $h(x) = \frac{x}{\ln x}\ ; x > 0$

[d] $f(y) = \frac{1}{2} - y + \frac{y^2}{2} - 2\ln(y)\ ; y > 0$

[e] $G(x) = -20x + 320\sqrt{x} - 100\ ; x \in (0; 100]$

[f] $f(x) = (x^3 + 1) \cdot e^x;\ x \in \mathbb{R}$

[g] $G(r_1) = -10r_1 - \frac{500}{r_1} + 200\ ; r_1 > 0$

[h] $f(x) = x^3 + \sqrt[4]{x};\ x > 0$

[i] $f(x) = \frac{1}{2x} + \sqrt{x};\ x > 0$

[j] $g(x) = x \cdot \ln(x^2 + 1);\ x \in \mathbb{R}$

[k] $f(x) = 2x \cdot \ln(x);\ x > 0$

[l] $k(x) = 2x + 12 + \frac{56}{x};\ x \in (0; 9]$

[m] $f(x) = 3x^4 + 7x^3 - 3x^2 + \ln(x) + 10;\ x > 0$

[n] $h(x) = e^x \cdot \sqrt{x};\ x > 0$

[o] $f(x) = 2x^2 + 2x - \ln(x);\ x > 0$

[p] $h(x) = \ln(x) \cdot (x^2 + 1);\ x > 0$ ◄

Aufgabe 5.2

Schwierigkeit: schwer **Zeit:** 8 Minuten

[a] Gegeben sei die Funktion:

$$f(x) = \frac{2x+5}{x^3} \quad ; x > 0$$

Welche der drei nachfolgenden Funktionen ist die Ableitung von $f(x)$? (Begründung!)

[1] $f'(x) = \dfrac{-4x-15}{x^4}$

[2] $f'(x) = \dfrac{4x+15}{x^4}$

[3] $f'(x) = \dfrac{-4x-15}{x^6}$

[b] Zeigen Sie, dass die Funktion:

$$f(x) = x^2 \cdot e^x; \; x \in \mathbb{R}$$

für $x \neq 0$ der Gleichung:

$$f'(x) = f(x) \cdot \frac{2+x}{x}$$

genügt. ◀

Aufgabe 5.3

Schwierigkeit: schwer **Zeit:** 24 Minuten

Bestimmen Sie die erste und zweite Ableitung der folgenden Funktionen:

[a] $f(x) = x^3 + 7x^2 - \ln(x); \; x > 0$

[b] $f(x) = 50x - \dfrac{20}{x}; \; x \in (0; \infty]$

[c] $g(x) = \ln(x^3 \cdot e^x); \; x \in (0; \infty]$

[d] $k(x) = 3x^2 - 30x + 450 + \dfrac{1\,152}{x} \; ; x \in (0; 20]$ ◀

5.2 Elastizität

Das sollten Sie wissen!

Veränderungen von Funktionswerten ökonomischer Funktionen können in absoluten Werten wie ME, GE etc. angegeben werden oder aber in Prozent. Die Elastizität misst die Veränderungen in Prozent.

Aufgabe 5.4

Schwierigkeit: schwer	**Zeit:** 6 Minuten

Für die Absatzmenge x (in ME) und den Verkaufspreis p (in GE pro ME) lautet die Preis-Absatz Funktion eines bestimmten Unternehmens wie folgt:

$$x(p) = \frac{75}{7+p}$$

[a] Bestimmen Sie den Definitionsbereich der Preis-Absatz Funktion $x(p)$.

[b] Berechnen Sie die Elastizität von $x(p)$ im Punkt $p = 8$ und interpretieren Sie das Ergebnis. ◀

Aufgabe 5.5

Schwierigkeit: einfach	**Zeit:** 5 Minuten

Für die Absatzmenge x (in ME) und den Verkaufspreis p (in GE pro ME) lautet die Preis-Absatz Funktion eines bestimmten Unternehmens wie folgt:

$$x(p) = 18 - 0{,}6p$$

[a] Bestimmen Sie den Definitionsbereich der Preis-Absatz Funktion $x(p)$.

[b] Berechnen Sie die Preiselastizität, d. h. die Elastizität der Funktion $x(p)$, an der Stelle $p_0 = 11$ und interpretieren Sie das Ergebnis. ◀

Aufgabe 5.6

Schwierigkeit: schwer	**Zeit:** 6 Minuten

Für die Absatzmenge x (in ME) und den Verkaufspreis p (in GE pro ME) lautet die Preis-Absatz Funktion eines bestimmten Unternehmens wie folgt:

$$x(p) = \frac{100}{5+p}$$

[a] Bestimmen Sie den Definitionsbereich der Preis-Absatz Funktion $x(p)$.

[b] Berechnen und interpretieren Sie die Elastizität an der Stelle $p = 5$. ◄

5.3 Monotonie

Das sollten Sie wissen!

Anhand des Vorzeichens der ersten Ableitung lässt sich die Monotonie einer Funktion erkennen.

Aufgabe 5.7

Schwierigkeit: einfach	**Zeit:** 4 Minuten

Ein Unternehmen arbeitet mit folgender Preis-Absatz Funktion:

$$p(x) = x^2 - 28x + 196 \quad ; x \in [0; 9]$$

(x = abgesetzte und produzierte Menge, p = Preis in € pro Mengeneinheit)
Zeigen Sie, dass die Preis-Absatz Funktion monoton fallend ist. ◄

5.4 Grenzanalyse

Das sollten Sie wissen!

Ökonomische Funktionen	
Kosten	$K(x) = K_v(x) + K_f(x)$
Umsatz	$U(x) = p(x) \cdot x$
Gewinn	$G(x) = U(x) - K(x)$
Stückkosten	$k(x) = \frac{K(x)}{x}$
variable Stückkosten	$k_v(x) = \frac{K_v(x)}{x}$
Stückgewinn	$g(x) = \frac{G(x)}{x}$

Wobei $p(x)$ die Preis-Absatz Funktion bezeichnet.

Das sollten Sie wissen!

Veränderungen von Funktionswerten ökonomischer Funktionen können in absoluten Werten wie ME, GE etc. angegeben werden oder aber in Prozent. Die Grenzanalyse misst die Veränderungen in absoluten Werten.

Aufgabe 5.8

Schwierigkeit: einfach **Zeit:** 5 Minuten

Die Gesamtkosten (in Tausend Euro) für die Herstellung eines Produkts beruhen in Abhängigkeit von der Menge x in Mengeneinheiten (ME) auf folgender Funktion:

$$K(x) = 4x^3 - 48x^2 + 320x + 1\,292\,; \quad x \geq 0$$

[1] Berechnen Sie die Grenzkosten bei einer Produktionsmenge von 4 ME und interpretieren Sie das Ergebnis.

[2] Ermitteln Sie die Funktion der variablen Stückkosten (durchschnittlichen variablen Kosten) und geben Sie den Definitionsbereich an. ◀

Aufgabe 5.9

Schwierigkeit: einfach **Zeit:** 5 Minuten

Gegeben ist die Kostenfunktion:

$$K(x) = 2x^3 - 18x^2 + 250x + 100\,; \quad x \geq 0$$

[1] Berechnen Sie die Kosten und die Grenzkosten an der Stelle $x = 6$.

[2] Interpretieren Sie die Grenzkosten an der Stelle $x = 6$. ◀

5.5 Häufige Fehler in Klausuren

Fehler, die Sie vermeiden sollten!

Viele Fehler beim Ableiten treten nur deshalb auf, weil Basiswissen aus der Schulzeit nicht präsent ist.

- Ist z. B. die Ableitung von $\sqrt[3]{x^4}$ gesucht, so wird die Funktion vor dem Ableiten erst einmal mit Hilfe der Wurzelrechnung (vgl. Formel 26) umgeschrieben in $\sqrt[3]{x^4} = x^{\frac{4}{3}}$. Danach wird mit der Formel 2 wie folgt abgeleitet:

$$\left(x^{\frac{4}{3}}\right)' = \frac{4}{3} \cdot x^{\frac{4}{3}-1} = \frac{4}{3} \cdot x^{\frac{1}{3}} = \frac{4}{3} \cdot \sqrt[3]{x}$$

- Auf die Potenzrechnung geht z. B. die Ableitung von $\frac{1}{x^2}$ zurück. Auch hier muss erst einmal die Funktion gemäß der Formel 17 umgeschrieben werden zu $\frac{1}{x^2} = x^{-2}$. Jetzt kann mit der Formel 2 wie folgt abgeleitet werden:

$$\left(x^{-2}\right)' = -2 \cdot x^{-2-1} = -2 \cdot x^{-3} = -\frac{2}{x^3}$$

Alternativ kann $\frac{1}{x^2}$ auch mit der Quotientenregel Formel 10 abgeleitet werden (vgl. Aufgabe 6.1).

- Auch die Ableitung von $\frac{1}{x}$ ergibt sich nach der Umformung mit Formel 17 zu $\frac{1}{x} = x^{-1}$ aus der Ableitungsformel 2 wie folgt:

$$\left(x^{-1}\right)' = -1 \cdot x^{-1-1} = -x^{-2} = -\frac{1}{x^2}$$

Alternativ kann $\frac{1}{x}$ auch mit der Quotientenregel Formel 10 abgeleitet werden (vgl. Aufgabe 5.3 [a]).

Es sind also nicht mangelnde Kenntnisse beim Ableiten, die hier zu Fehlern führen, sondern mangelnde Kenntnisse der Potenz- und Wurzelrechnung.

Tipp!

Um erfolgreich ableiten zu können, müssen die Rechenregeln der Potenz- und Wurzelrechnung beherrscht werden.

Fehler, die Sie vermeiden sollten!

Erhebliche Schwierigkeiten gibt es mit der Kettenregel Formel 11. Das Problem liegt darin, dass nicht erkannt wird, was die äußere Funktion f und die innere Funktion g einer verknüpften Abbildung $f(g(x))$ sind. Eine Verknüpfung $f(g(x))$ wird auch manchmal mit einem Produkt $f(x) \cdot g(x)$ verwechselt.

Tipp!

Das Üben für die Ableitung anhand der Kettenregel Formel 11 erfolgt in zwei Schritten:

[1] Zunächst wird geübt, aus einer verknüpften Funktion $h(x)$ die äußere Funktion $f(x)$ und die innere Funktion $g(x)$ zu erkennen. Oft gibt es gleich mehrere Möglichkeiten, wie die äußere und wie die innere Funktion aussehen. Mit Hinblick auf die Kettenregel stehen jedoch als äußere Funktionen nur die sogenannten elementaren Funktionen aus den Formeln 1 bis 6 zur Verfügung.

[2] Erst wenn die äußere und die innere Funktion einer verknüpften Funktion sicher erkannt werden, wird das Ableiten der äußeren und der inneren Funktion geübt., aus der sich die Ableitung anhand der Kettenregel zusammensetzt.

(vgl. Aufgabe 5.1 [a])

Kapitel 6:

Kurvendiskussion von $f(x)$

Das sollten Sie wissen!

Bei der Kurvendiskussion werden in einer Klausur drei Punkte abgefragt:

- Wendestellen
- Sattelstellen
- Extremstellen (lokale und globale)

Das sollten Sie wissen!

Eigenschaft	Überprüfung
x_0 Wendestelle	$f''(x_0) = 0$ $f'''(x_0) \neq 0$
x_0 Sattelstelle	$f''(x_0) = 0$ $f'''(x_0) \neq 0$ $f'(x_0) = 0$
x_0 lokale Minimalstelle	$f'(x_0) = 0$ $f''(x_0) > 0$
x_0 lokale Maximalstelle	$f'(x_0) = 0$ $f''(x_0) < 0$
x_0 globale Minimalstelle in $[a; b]$	$f'(x_0) = 0$ $f''(x) > 0$ für alle $x \in (a; b)$
x_0 globale Maximalstelle in $[a; b]$	$f'(x_0) = 0$ $f''(x) < 0$ für alle $x \in (a; b)$

6.1 Wendestellen

Aufgabe 6.1

Schwierigkeit: mittelschwer **Zeit:** 7 Minuten

Zeigen Sie, dass die Funktion:

$$f(x) = 2x^2 + 2x - \ln(x) \quad ; x > 0$$

keine Wendestellen hat. ◀

Aufgabe 6.2

Schwierigkeit: mittelschwer **Zeit:** 5 Minuten

Gegeben ist eine Funktion:

$$f(x) = \frac{x^5 - 12x^4 + x^3 + 3x^2}{x^2} \quad ; x \in \mathbb{R}\backslash\{0\}$$

Bestimmen Sie die Wendestelle von $f(x)$. ◀

6.2 Sattelstellen

Tipp!

Bei der Suche nach einer Sattelstelle ist es häufig weniger Rechenaufwand, wenn zuerst die Nullstelle der zweiten Ableitung bestimmt wird, anstatt zuerst die Nullstelle der ersten Ableitung zu finden. Die Sattelstelle wird dann in den folgenden drei Schritten bestimmt:

[1] Zuerst wird die Nullstelle x_0 der zweiten Ableitung bestimmt.

[2] Anschließend wird überprüft, ob die dritte Ableitung an dieser Stelle ungleich null ist: $f'''(x_0) \overset{?}{\neq} 0$

[3] Zum Schluss wird x_0 in die erste Ableitung eingesetzt, um zu sehen, ob x_0 auch eine Nullstelle der ersten Ableitung ist: $f'(x_0) \overset{?}{\neq} 0$

Aufgabe 6.3

Schwierigkeit: mittelschwer **Zeit:** 5 Minuten

Bestimmen Sie die Sattelstelle der Funktion:

$$f(x) = (x-7)^3 \ ; x \in \mathbb{R}$$ ◀

6.3 Extremstellen

Aufgabe 6.4

Schwierigkeit: mittelschwer **Zeit:** 7 Minuten

Die Gesamtkosten (in Tausend Euro) für die Herstellung eines Produkts beruhen in Abhängigkeit von der Menge x (in ME) auf folgender Funktion:

$$K(x) = 4x^3 - 48x^2 + 320x + 1\,292 \ ; x \geq 0$$

[1] Bei welcher Produktionsmenge sind die variablen Stückkosten (durchschnittlichen variablen Kosten) minimal (Betriebsminimum)?

[2] Ist die folgende Aussage zutreffend?

„Im Betriebsminimum betragen sowohl die variablen Stückkosten als auch die Grenzkosten 176 Tausend Euro.“

Begründen Sie Ihre Antwort! ◀

Aufgabe 6.5

Schwierigkeit: schwer **Zeit:** 10 Minuten

Eine Woche vor dem Klausurtermin beginnt ein Student mit den Vorbereitungen. Die Anzahl P der Punkte, die er in der Klausur – in Abhängigkeit der pro Tag an die Vorbereitung verwendeten Stunden $x \in [0; 24]$ – erzielen wird, beträgt voraussichtlich:

$$P(x) = 2\sqrt{6x} - x + 94$$

Bestimmen Sie die Vorbereitungszeit (in Stunden pro Tag), die zu einer maximalen Punktzahl führt. Welche maximale Punktzahl erzielt der Student bei dieser Vorbereitungszeit? ◀

Aufgabe 6.6

Schwierigkeit: mittelschwer **Zeit:** 10 Minuten

Gegeben sind in Abhängigkeit der produzierten und abgesetzten Menge x folgende Preis-Absatz Funktion:

$$p(x) = 1\,200 - 10x$$

und folgende Kostenfunktion:

$$K(x) = \frac{1}{3}x^3 - 40x^2 + 1\,700x + 666\frac{2}{3} \;\; ; x \geq 0$$

[1] Bestimmen Sie den Definitionsbereich der Preis-Absatz Funktion $p(x)$.

[2] Bestimmen Sie die Gewinnfunktion und ihren Definitionsbereich.

[3] Bestimmen Sie den maximalen Gewinn. ◀

6.4 Häufige Fehler in Klausuren

Fehler, die Sie vermeiden sollten!

Die unterschiedliche Vorgehensweise, wie von einer Funktion $f(x)$ Wende-, Sattel- und Extremstellen bestimmt werden, wird in Klausuren erfreulich gut beherrscht. Im Wesentlichen treten dabei jedoch zwei häufige Fehler auf:

- Quadratische Gleichungen können nicht sicher nach x aufgelöst werden. (Quadratische Gleichungen ergeben sich z. B., wenn die Nullstellen der ersten oder der zweiten Ableitung bestimmt werden müssen.)
- Der Unterschied zwischen der Bestimmung einer globalen Extremstelle im Vergleich zu einer lokalen Extremstelle wurde nicht verstanden.

Tipp!

Um quadratische Gleichungen zu lösen, reicht es nicht, den Taschenrechner darum zu bemühen. Viele Prüfer verlangen in Klausuren einen Lösungsweg. Es gibt gleich mehrere Verfahren zum Lösen von quadratischen Gleichungen:

- *pq*-Formel (Formel 15 siehe Seite 163)
- *abc*-Formel (Formel 16 siehe Seite 163)
- quadratische Ergänzung

Zum Lösen einer quadratischen Gleichung ist es unerheblich, welches Verfahren Sie nutzen.

Das sollten Sie wissen!

Soll eine quadratische Gleichung:

$$ax^2 + bx + c = 0$$

mit der *pq*-Formel 15 gelöst werden, so muss die Gleichung zunächst durch a dividiert werden. Mit $p = \frac{b}{a}$ und $q = \frac{c}{a}$ ergibt sich nach der Division:

$$x^2 + px + q = 0$$

Tipp!

Fehlt bei einer quadratischen Gleichung der lineare Term, liegt also folgende Gleichung vor:

$$ax^2 + c = 0$$

So kann die Lösung ebenfalls mit der *pq*-Formel 15 oder der *abc*-Formel 16 bestimmt werden.

Ein kürzerer Lösungsweg ergibt sich hingegen, wenn c subtrahiert wird und anschließend durch a dividiert wird:

$$x^2 = \frac{-c}{a}$$

Nach dem Wurzel-Ziehen lautet die Lösung:

$$x = \pm\sqrt{\frac{-c}{a}}$$

Ist der Quotient $\frac{c}{a}$ positiv, so hat die quadratische Gleichung keine Lösung (wie z. B. in Aufgabe 6.1).

Tipp!

Das Vorliegen einer globalen im Gegensatz zu einer lokalen Extremstelle einer Funktion $f(x)$ in einem Intervall $[a; b]$ lässt sich daran erkennen, dass die zweite Ableitung von $f(x)$ keinen Vorzeichenwechsel für $x \in (a; b)$ macht. D. h. die zweite Ableitung ist für alle $x \in (a; b)$ entweder immer positiv oder aber immer negativ.

Ob eine zweite Ableitung einen Vorzeichenwechsel macht oder nicht, kann von der Wahl des Intervalls $(a; b)$ abhängen. Z. B. gilt für folgende Ableitung:

$$f''(x) = -2x + 60$$

- $f''(x)$ ist immer positiv für $x \in (0, 30)$; insb. macht die zweite Ableitung keinen Vorzeichenwechsel im Intervall (0,30).
- $f''(x)$ ist immer negativ für $x \in (30, 120)$, wobei statt 120 auch jede andere reelle Zahl größer als 30 als Intervallobergrenze möglich ist; insb. macht die zweite Ableitung keinen Vorzeichenwechsel im Intervall (30,120).
- Fazit: $f''(x)$ macht einen Vorzeichenwechsel für $x \in (0; 120)$. (vgl. Aufgabe 6.6)

Kapitel 7:

Differentiation von Funktionen mehrerer Variablen

Das sollten Sie wissen!

Partielle Ableitungen lassen sich ebenfalls ökonomisch interpretieren. In Klausuren werden dazu folgen Themen abgefragt:

- partielle Ableitungen erster und zweiter Ordnung
- partielle Elastizität
- Grenzanalyse

7.1 Partielle Ableitungen

Das sollten Sie wissen!

In der Formelsammlung, die während einer Klausur zur Verfügung steht, gibt es zur Bestimmung von partiellen Ableitungen:

- die Formeln 1 bis 6 mit den Ableitungen der sechs elementaren Funktionen sowie
- die Formeln 7 bis 11 mit den fünf Ableitungsregeln.

Aufgabe 7.1

Schwierigkeit: mittelschwer **Zeit:** 15 Minuten

Berechnen Sie die ersten und zweiten partiellen Ableitungen der nachfolgenden Funktionen:

[a] $f(x,y) = (7x - 5y)^3\,; \quad x, y \in \mathbb{R}$

[b] $f(x,y,z) = x^2 + 2xy + 2y^2 + z^3 - 27z + 2x - 2ay + 100\,; \quad x, y, z \in \mathbb{R}$

[c] $f(x_1,x_2,x_3) = -x_1^2 - x_2^2 - a\cdot x_3^2 - x_1\cdot x_2 + x_2\cdot x_3\,; \quad x_1, x_2, x_3 \in \mathbb{R}$ ◄

Aufgabe 7.2

Schwierigkeit: schwer **Zeit:** 18 Minuten

Berechnen Sie die ersten und zweiten partiellen Ableitungen der nachfolgenden Funktionen:

[a] $f(x,y) = e^x + \ln(y^2+1) + 2x^2y\,; \quad x, y \in \mathbb{R}$

[b] $f(x,y,z) = 4x^2 - 2xy + 5y + (z-x)^3\,; \quad x, y, z \in \mathbb{R}$

[c] $h(x,y) = 2e^{0,4x-2y}\,; \quad x, y \in \mathbb{R}$ ◄

Aufgabe 7.3

Schwierigkeit: schwer **Zeit:** 12 Minuten

Bestimmen Sie die ersten partiellen Ableitungen der nachfolgenden Funktionen:

[a] $f(x,y) = xy^4 + \ln(x^4+1) + \frac{x}{y}\,; \quad x, y > 0$

[b] $f(x,y,z) = x^2 - x\cdot y + \frac{1}{2}y^2 + x - 4y + \ln(z^2+1)\,; \quad (x,y,z) \in \mathbb{R}^3$ ◄

Aufgabe 7.4

Schwierigkeit: einfach **Zeit:** 12 Minuten

Berechnen Sie die ersten und zweiten partiellen Ableitungen der nachfolgenden Funktionen:

[a] $f(x,y) = 10x^2 - 5y^3 + 2xy\,; \quad x,y \in \mathbb{R}$

[b] $f(x,y) = x^2 \cdot y - 4y + 4x\,; \quad (x,y) \in \mathbb{R}^2$

[c] $f(x,y) = \frac{1}{3}x^3 - \frac{3}{2}x^2 + 2x + \frac{1}{2}y^2 - 4y + 10\,; \quad (x,y) \in \mathbb{R}^2$

[d] $f(x,y) = \frac{1}{3}x^3 + 2x^2 - 4y + \frac{1}{3}y^3\,; \quad x,y \in \mathbb{R}$ ◀

7.2 Partielle Elastizität

Das sollten Sie wissen!

Bezeichnen x die ME von Gut I, y die ME von Gut II und $K(x,y)$ die Kosten in Abhängigkeit von x und y. So gibt die partielle Elastizität:

- $\varepsilon_{K,x}(x,y)$ (Formel 13) von Gut I an der Stelle (x,y) an, um wie viel Prozent sich die Kosten in etwa verändern, wenn bei gleich bleibender Menge y die Menge x um ein Prozent erhöht wird.
- $\varepsilon_{K,y}(x,y)$ (Formel 14) von Gut II an der Stelle (x,y) gibt an, um wie viel Prozent sich die Kosten in etwa verändern, wenn bei gleich bleibender Menge x die Menge y um ein Prozent erhöht wird.

Aufgabe 7.5

Schwierigkeit: mittelschwer **Zeit:** 7 Minuten

Ein Unternehmen stellt zwei Güter A und B her. Die Kostenfunktion in Abhängigkeit der Mengen x des Guts A und y des Guts B lautet:

$$K(x;y) = 2x + 4y + 10\,; \quad x,y > 0$$

Für welche Mengenkombination von Gut A und Gut B sind die partiellen Elastizitäten:

$$\varepsilon_x(x;y) = K_x(x;y) \cdot \frac{x}{K(x;y)} \quad \text{und}$$

$$\varepsilon_y(x;y) = K_y(x;y) \cdot \frac{y}{K(x;y)}$$

gleich groß? ◀

Aufgabe 7.6

Schwierigkeit: schwer **Zeit:** 15 Minuten

Gegeben ist die Produktionsfunktion:

$$r(x, y) = \sqrt{x} + y^2; \quad x, y > 0$$

Die sogenannte Skalenelastizität ist die Summe der partiellen Elastizitäten:

$$\varepsilon_x(x, y) + \varepsilon_y(x, y) = \frac{x}{r(x, y)} r_x(x, y) + \frac{y}{r(x, y)} r_y(x, y)$$

Die Skalenelastizität gibt an, um wie viel Prozent sich der Funktionswert ungefähr ändert, wenn alle Variablen um ein Prozent steigen. Bestimmen Sie die Skalenelastizität der Produktionsfunktion in $(x, y) = (4, 1)$. ◄

7.3 Grenzanalyse

Das sollten Sie wissen!

Ökonomische Funktionen	
Umsatz	$U(x_1, x_2) = p_1 \cdot x_1 + p_2 \cdot x_2$
Gewinn	$G(x_1, x_2) = U(x_1, x_2) - K(x_1, x_2)$

Das sollten Sie wissen!

Veränderungen von Funktionswerten ökonomischer Funktionen können in absoluten Werten wie ME, GE etc. angegeben werden oder aber in Prozent. Die Grenzanalyse misst die Veränderungen in absoluten Werten. Gibt es genau zwei reellwertige Variablen, so misst die Grenzanalyse die Veränderungen des Funktionswerts, wenn der Wert einer Variablen um eine Einheit steigt, während der Wert der anderen Variablen unverändert bleibt.

Aufgabe 7.7

Schwierigkeit: einfach **Zeit:** 5 Minuten

Es bezeichnen x=ME von Gut I und y = ME von Gut II. Berechnen und interpretieren Sie für die Mengenkombination $x = 5$ und $y = 6$ die Grenzkosten von Gut I und die Grenzkosten von Gut II der folgenden Kostenfunktion:

$$K(x, y) = 3x^2 + 2y^2 + xy + 100\,; \quad x, y \geq 0$$

◄

7.4 Häufige Fehler in Klausuren

Das sollten Sie wissen!

Wenn $f(x, y)$ partiell in Richtung der x-Achse abgeleitet wird, ist y bekanntlich eine Konstante. Diese Konstante kann in zwei unterschiedlichen Weisen in $f(x, y)$ auftauchen:

- als additive Konstante
- als Faktor

Fehler, die Sie vermeiden sollten!

Bei partiellen Ableitungen tritt häufig der Fehler auf, dass Variablen, die als Faktoren beim Ableiten erhalten bleiben, vergessen werden.

Tipp!

- Die Ableitung der additiven Konstante ist null. So beträgt z. B. in Aufgabe 7.4 die partielle Ableitung von $-5y^3$ in Richtung der x-Achse null.
- Der Faktor hingegen bleibt beim Ableiten erhalten. So beträgt z. B. in Aufgabe 7.2 die partielle Ableitung von $2x^2y$ in Richtung der x-Achse $4xy$.

Kapitel 8:

Kurvendiskussion von $f(x, y)$

Das sollten Sie wissen!

Sattel- und Extremstellen von $f(x, y)$ werden wie folgt bestimmt:

Eigenschaft	Überprüfung
Sattelstelle	$f_x(x_0; y_0) = 0$ $f_y(x_0; y_0) = 0$ $f_{xx}(x_0; y_0) \cdot f_{yy}(x_0; y_0) - (f_{xy}(x_0; y_0))^2 < 0$
$(x_0; y_0)$ lokale Minimalstelle	$f_x(x_0; y_0) = 0$ $f_y(x_0; y_0) = 0$ $f_{xx}(x_0; y_0) \cdot f_{yy}(x_0; y_0) - (f_{xy}(x_0; y_0))^2 > 0$ $f_{xx}(x_0; y_0) > 0$
$(x_0; y_0)$ lokale Maximalstelle	$f_x(x_0; y_0) = 0$ $f_y(x_0; y_0) = 0$ $f_{xx}(x_0; y_0) \cdot f_{yy}(x_0; y_0) - (f_{xy}(x_0; y_0))^2 > 0$ $f_{xx}(x_0; y_0) < 0$
$(x_0; y_0)$ globale Minimalstelle in D_f	$f_x(x_0; y_0) = 0$ $f_y(x_0; y_0) = 0$ $f_{xx}(x; y) \cdot f_{yy}(x; y) - (f_{xy}(x; y))^2 > 0$ für alle $x, y \in D_f$ $f_{xx}(x; y) > 0$ für alle $x, y \in D_f$
$(x_0; y_0)$ globale Maximalstelle in D_f	$f_x(x_0; y_0) = 0$ $f_y(x_0; y_0) = 0$ $f_{xx}(x; y) \cdot f_{yy}(x; y) - (f_{xy}(x; y))^2 > 0$ für alle $x, y \in D_f$ $f_{xx}(x; y) < 0$ für alle $x, y \in D_f$

8.1 Sattelstellen

Das sollten Sie wissen!

Um Sattelstellen der Funktion $f(x, y)$ zu finden, werden erst einmal wie bei der Suche nach Extremstellen die stationären Punkte $(x_0; y_0)$ bestimmt. Ist dann $D(x_0; y_0) < 0$, so liegt in $(x_0; y_0)$ eine Sattelstelle vor.

Aufgabe 8.1

Schwierigkeit: einfach **Zeit:** 5 Minuten

Bestimmen Sie die Sattelstellen von:

$$f(x, y) = 4xy + 6x + 2y\,; \quad (x, y) \in \mathbb{R}^2$$ ◄

Aufgabe 8.2

Schwierigkeit: mittelschwer **Zeit:** 7 Minuten

Untersuchen Sie die Funktion:

$$f(x, y) = x^2 - y^2 + 2xy - 6y - 3\,; \quad x, y \in \mathbb{R}$$

auf Sattelstellen. ◄

8.2 Extremstellen

Das sollten Sie wissen!

Lokale Extremstellen werden auch als streng relative Extremstellen bezeichnet. Und globale Extremstellen werden auch als absolute Extremstellen bezeichnet.

Aufgabe 8.3

Schwierigkeit: schwer **Zeit:** 12 Minuten

Gegeben sei die Funktion:

$$f(x, y) = x^3 + 2y^2 - x \cdot y + 100\,; \quad x, y \in \mathbb{R}$$

Bestimmen Sie die lokalen (streng relativen) Extremstellen dieser Funktion. ◀

Aufgabe 8.4

Schwierigkeit: mittelschwer **Zeit:** 12 Minuten

Ein Unternehmen fertigt zwei Produkte P_1 und P_2. Die produzierte und abgesetzte Menge des Produkts P_1 wird mit x bezeichnet und die von P_2 mit y. Der Gewinn ist gegeben durch:

$$G(x, y) = -x^2 + 14x - \frac{1}{2}y^2 + 16y + xy - 20; \;\; x, y \in [0; 200]$$

Berechnen Sie die Gewinn-maximale Mengenkombination von P_1 und P_2. ◀

Tipp!

Ist in einer Aufgabe der stationäre Punkt (x_0, y_0) vorgegeben, so vereinfacht sich die notwendige Bedingung zur Berechnung von Extremstellen erheblich. Die Werte von x_0 und y_0 dürfen in die ersten partiellen Ableitungen eingesetzt werden und es muss lediglich herauskommen, dass beide ersten partiellen Ableitungen null betragen. (vgl. Aufgabe 8.5 und Aufgabe 8.6)

Aufgabe 8.5

Schwierigkeit: schwer **Zeit:** 10 Minuten

Es sei $a \in (0; 2)$. Zeigen Sie, dass die Funktion:

$$f(x, y) = x^2 + axy + y^2\,; \quad (x, y) \in \mathbb{R}^2$$

an der Stelle $(x, y) = (0, 0)$ das globale (absolute) Minimum annimmt. ◀

Aufgabe 8.6

Schwierigkeit: schwer **Zeit:** 10 Minuten

Zeigen Sie, dass die Funktion:

$$f(x,y) = e^{x^2+y^2}\,; \quad (x,y) \in \mathbb{R}^2$$

an der Stelle $(x,y) = (0,0)$ ein lokales (streng relatives) Minimum hat. ◀

Aufgabe 8.7

Schwierigkeit: mittelschwer **Zeit:** 10 Minuten

Bestimmen Sie alle Stellen, an denen die Funktion:

$$f(x,y,z) = x^2 - x\cdot y + \frac{1}{2}y^2 + x - 4y + \ln(z^2+1)\,; \quad (x,y,z) \in \mathbb{R}^3$$

einen lokalen (streng relativen) Extremwert annehmen könnte. ◀

Aufgabe 8.8

Schwierigkeit: einfach **Zeit:** 12 Minuten

Bestimmen Sie alle Stellen, an denen die Funktion:

$$f(x,y) = \frac{1}{3}x^3 - \frac{3}{2}x^2 + 2x + \frac{1}{2}y^2 - 4y + 10\,; \quad (x,y) \in \mathbb{R}^2$$

einen lokalen (streng relativen) Extremwert besitzt. Geben Sie jeweils an, ob es sich dabei um ein Maximum oder Minium handelt. ◀

Aufgabe 8.9

Schwierigkeit: mittelschwer **Zeit:** 10 Minuten

Zeigen Sie, dass die Funktion:

$$f(x,y) = y\cdot e^x + 4x + 4y + 8\,; \quad (x,y) \in \mathbb{R}^2$$

keine lokalen (streng relativen) Extremstellen besitzt. ◀

8.3 Häufige Fehler in Klausuren

Fehler, die Sie vermeiden sollten!

Erfahrungsgemäß haben Studierende, die sich zur Klausur angemeldet haben, die Vorgehensweisen zur Bestimmung von Sattel- und Extremstellen von $f(x, y)$ gut gelernt. Die beiden Fehler, die jetzt dennoch auftauchen, entstehen:

- zum einen beim Lösen des Gleichungssystems, um die stationären Punkte zu berechnen,
- und zum anderen bei der Unterscheidung zwischen lokalen und globalen Extremstellen.

Tipp!

Beim Lösen eines Gleichungssystems, um die stationären Punkte zu bestimmen, gibt es leider keinen Lösungsweg, der immer sicher zur richtigen Lösung führt. Es gibt jedoch im Wesentlichen drei Lösungswege, die immer wieder auftauchen:

[1] Jede Gleichung des zu lösenden Gleichungssystems enthält jeweils nur eine Variable wie z. B. in Aufgabe 8.1. Dann wird jede Gleichung nach der in der Gleichung vorkommenden Variablen aufgelöst, um die stationären Punkte zu erhalten.

[2] Die Addition zweier Gleichungen des zu lösenden Gleichungssystems führt zu einer neuen Gleichung mit nur einer Variablen wie z. B. in Aufgabe 8.2.

[3] Beim Lösen des Gleichungssystems treten verschiedene Fälle auf, sodass eine Fallunterscheidung gemacht werden muss wie z. B. in Aufgabe 8.3.

Tipp!

Der Unterschied zwischen dem Vorliegen einer lokalen und einer globalen Extremstelle, lässt sich daran erkennen, dass bei einer globalen Extremstelle weder $D(x, y)$ noch $f_{xx}(x, y)$ einen Vorzeichenwechsel machen dürfen (wie z. B. in Aufgabe 8.4). Oder anders ausgedrückt. Sobald eine der beiden Terme $D(x, y)$ und $f_{xx}(x, y)$ einen Vorzeichenwechsel machen kann, handelt es sich um eine lokale Extremstelle (wie z. B. in Aufgabe 8.3).

Kapitel 9: Extremstellen unter Nebenbedingungen

Das sollten Sie wissen!

Zum Auffinden von Extremstellen von $f(x, y)$ unter einer Nebenbedingung gibt es zwei Verfahren:

- Einsetz-Methode
- Lagrange-Methode

9.1 Einsetz-Methode

Aufgabe 9.1

Schwierigkeit: mittelschwer **Zeit:** 15 Minuten

Bestimmen Sie die globale Minimalstelle der Funktion:

$$f(x, y) = x^2 + 2y^2 + xy + x + y - 17\,; \quad (x, y) \in \mathbb{R}^2$$

unter der Nebenbedingung $x + y = 8$. ◀

Aufgabe 9.2

Schwierigkeit: schwer **Zeit:** 15 Minuten

Es sei $a \geq 1$. Bestimmen Sie die lokalen Extremstellen der Funktion:

$$f(x, y) = x^2 + y^2 - x \cdot y - 3 \cdot a \cdot x\,; \quad x, y \in \mathbb{R}$$

unter der Nebenbedingung $e^{x+y} = 1$. ◀

Aufgabe 9.3

Schwierigkeit: schwer **Zeit:** 15 Minuten

Bestimmen Sie das globale (absolute) Minimum der Funktion:

$$f(x, y) = x^2 + xy + y^2 + 4x + 2y - 10\,; \quad (x, y) \in \mathbb{R}^2$$

unter der Nebenbedingung $x + y = a$. Dabei sei $a \in \mathbb{R}$ eine beliebige reelle Zahl. ◀

9.2 Lagrange-Methode

Das sollten Sie wissen!

Für die Lagrangefunktion $L(x, y, \lambda) = f(x, y) + \lambda \cdot (\text{NB in Nullform})$ gilt:

Eigenschaft	Überprüfung
$(x_0; y_0)$ lokale Minimalstelle unter NB	$L_x(x_0; y_0; \lambda_0) = 0$ $L_y(x_0; y_0; \lambda_0) = 0$ $L_\lambda(x_0; y_0; \lambda_0) = 0$ $L_{xx}(x_0; y_0; \lambda_0) \cdot L_{yy}(x_0; y_0; \lambda_0) - (L_{xy}(x_0; y_0; \lambda_0))^2 > 0$ $L_{xx}(x_0; y_0; \lambda_0) > 0$
$(x_0; y_0)$ lokale Maximalstelle unter NB	$L_x(x_0; y_0; \lambda_0) = 0$ $L_y(x_0; y_0; \lambda_0) = 0$ $L_\lambda(x_0; y_0; \lambda_0) = 0$ $L_{xx}(x_0; y_0; \lambda_0) \cdot L_{yy}(x_0; y_0; \lambda_0) - (L_{xy}(x_0; y_0; \lambda_0))^2 > 0$ $L_{xx}(x_0; y_0; \lambda_0) < 0$

Eigenschaft	Überprüfung
$(x_0; y_0)$ globale Minimalstelle unter NB	$L_x(x_0; y_0; \lambda_0) = 0$ $L_y(x_0; y_0; \lambda_0) = 0$ $L_\lambda(x_0; y_0; \lambda_0) = 0$ $L_{xx}(x; y; \lambda_0) \cdot L_{yy}(x; y; \lambda_0) -$ $(L_{xy}(x; y; \lambda_0))^2 > 0$ für alle $x, y \in D_f$ $L_{xx}(x; y; \lambda_0) > 0$ für alle $x, y \in D_f$
$(x_0; y_0)$ globale Maximalstelle unter NB	$L_x(x_0; y_0; \lambda_0) = 0$ $L_y(x_0; y_0; \lambda_0) = 0$ $L_\lambda(x_0; y_0; \lambda_0) = 0$ $L_{xx}(x; y; \lambda_0) \cdot L_{yy}(x; y; \lambda_0) -$ $(L_{xy}(x; y; \lambda_0))^2 > 0$ für alle $x, y \in D_f$ $L_{xx}(x; y; \lambda_0) < 0$ für alle $x, y \in D_f$

Aufgabe 9.4

Schwierigkeit: mittelschwer **Zeit:** 15 Minuten

Bestimmen Sie mithilfe der Lagrange-Methode die globale Minimalstelle der Funktion:

$$f(x, y) = 4x^2 + 5y^2 - 2xy + 200\,; \quad x, y \in \mathbb{R}$$

unter der Nebenbedingung $x + 2y = 50$. ◄

Aufgabe 9.5

Schwierigkeit: mittelschwer **Zeit:** 15 Minuten

Bestimmen Sie die globale Minimalstelle der Funktion:

$$f(x, y) = x^2 + 2y^2 + xy + x + y - 17\,; \quad (x, y) \in \mathbb{R}^2$$

unter der Nebenbedingung $x + y = 8$. ◄

Aufgabe 9.6

Schwierigkeit: schwer **Zeit:** 15 Minuten

Es sei $a \geq 1$. Bestimmen Sie die lokalen Extremstellen der Funktion:

$$f(x, y) = x^2 + y^2 - x \cdot y - 3 \cdot a \cdot x\,; \quad x, y \in \mathbb{R}$$

unter der Nebenbedingung $e^{x+y} = 1$. ◄

Aufgabe 9.7

Schwierigkeit: schwer **Zeit:** 15 Minuten

Bestimmen Sie das globale (absolute) Minimum der Funktion:

$$f(x, y) = x^2 + xy + y^2 + 4x + 2y - 10\,; \quad (x, y) \in \mathbb{R}^2$$

unter der Nebenbedingung $x + y = a$. Dabei sei $a \in \mathbb{R}$ eine beliebige reelle Zahl. ◄

Aufgabe 9.8

Schwierigkeit: schwer **Zeit:** 15 Minuten

Ein Unternehmen stellt zwei Güter A und B her. Die Kostenfunktion in Abhängigkeit der Mengen x des Guts A und y des Guts B lautet:

$$K(x; y) = 2x + 4y + 10\,; \quad x, y > 0$$

Die Verkaufspreise der Güter betragen 6 GE für eine ME von Gut A und 5 GE für eine ME von Gut B. Wie hoch ist der maximale Gewinn, wenn die Produktionsrestriktion $2x^2 + y^2 = 36$ eingehalten werden muss? ◄

Aufgabe 9.9

Schwierigkeit: schwer **Zeit:** 15 Minuten

Ein Konsument konsumiert nur zwei Güter und zwar x Einheiten des ersten Gutes und y Einheiten des zweiten Gutes. Die Nutzenfunktion des Konsumenten ist:

$$u(x,y) = 3\ln(x) + 15\ln(y)\,; \quad x, y > 0$$

Beide Güter kosten eine GE je Mengeneinheit und der Konsument will genau 120 GE ausgeben.
Bestimmen Sie mit Hilfe der Lagrange-Methode ein Nutzenmaximum unter Berücksichtigung der Budgetrestriktion. ◄

9.3 Häufige Fehler in Klausuren

Fehler, die Sie vermeiden sollten!

Die Lagrange-Methode gilt unter Studierenden als die schwierigste Aufgabenstellung der Aufgabensammlung dieses Buches. Manchmal wird deshalb die Lagrange-Methode bei der Vorbereitung auf die Klausur nicht geübt in der Hoffnung, mit der Einsetz-Methode die Klausur zu bestehen.

Tipp!

Ein Vergleich der drei Vorgehensweisen zur Bestimmung von Extremstellen von:

[1] $f(x); x \in \mathbb{R}$

[2] $f(x,y); (x,y) \in \mathbb{R}^2$

[3] $f(x,y); (x,y) \in \mathbb{R}^2$ unter einer Nebenbedingung

zeigt die Analogien der drei Vorgehensweisen.

In der Verallgemeinerung von [1] auf [2] kommt lediglich die Hessische Determinante $D(x,y)$ hinzu, die immer positiv sein muss.

In der Verallgemeinerung von [2] auf [3] kommt der Lagrange-Multiplikator λ hinzu, nach dem einmal partiell abgeleitet werden muss.

Ansonsten sind die drei Vorgehensweisen von [1], [2], [3] völlig analog.

Kapitel 10:

Gemischte Aufgaben

Aufgabe 10.1

Schwierigkeit: mittelschwer **Zeit:** 10 Minuten

Ergänzen Sie bitte die fehlenden Werte in der nachfolgenden Tabelle.

Firma	Preis	Output	Umsatz	Gesamtkosten	Fixkosten	Variable Kosten	Stückkosten	variable Stückkosten
1			950		150	500		50
2			9 000	6 300			2,1	1,6
3	10	700		10 500				12
4			5 500	5 500	4 000			0,75
5	4	400			400	800		

◄

Aufgabe 10.2

Schwierigkeit: schwer **Zeit:** 15 Minuten

Zeigen Sie, dass die Funktion:

$$f(x,y) = x^2 \cdot y - 4y + 4x\,; \quad (x,y) \in \mathbb{R}^2$$

keine lokalen (streng relativen) Extremstellen besitzt. ◀

Aufgabe 10.3

Schwierigkeit: mittelschwer **Zeit:** 15 Minuten

Gegeben sind die Preis-Absatz Funktion $x(p)$ und die Kostenfunktion $K(x)$ eines Unternehmens durch:

$$x(p) = 15 - 0{,}2p \quad \text{mit } p \in [0;75]$$
$$K(x) = 4x^2 - 6x + 126 \quad \text{mit } x \geq 0$$

[1] Berechnen Sie die Gewinnfunktion und bestimmen Sie ihren ökonomisch sinnvollen Definitionsbereich.

[2] Ermitteln Sie den Gewinn-maximalen Preis und die Gewinn-maximale Menge.

[3] Nehmen Sie an, die Grafen der Grenzkosten- und der Grenzerlösfunktion für ein Unternehmen liegen Ihnen vor und diese schneiden sich in einem Punkt x_0. Welche Aussage können Sie dann über die Gewinnfunktion an dieser Schnittstelle x_0 treffen? ◀

Aufgabe 10.4

Schwierigkeit: einfach **Zeit:** 15 Minuten

Gegeben sei die Gesamtkostenfunktion $K(x)$ eines Monopolisten mit:

$$K(x) = 3x^2 - 4x + 56\,; \quad x \in [0;12]$$

Die produzierte Menge x (in ME) kann am Markt in Abhängigkeit des Preises p (in GE pro ME) gemäß der folgenden Preis-Absatz Funktion abgesetzt werden:

$$x(p) = 12 - 0{,}2p\,; \quad p \in [0;60]$$

[a] Bestimmen Sie die Elastizität von $x(p)$ in $p_0 = 6$ und interpretieren Sie das Ergebnis.

[b] Berechnen Sie die Gewinnfunktion, geben Sie deren Definitionsbereich an und bestimmen Sie die Gewinnzone.

[c] Berechnen Sie den maximalen Gewinn und den dazugehörigen Gewinn-maximalen Preis. ◀

Aufgabe 10.5

Schwierigkeit: mittelschwer **Zeit:** 15 Minuten

Gegeben sei die folgende Funktion:

$$f(x, y, z) = x^2 + 2xy + 2y^2 + z^3 - 27z + 2x - 2ay + 100\,; \quad x, y, z \in \mathbb{R}$$

Dabei sei a eine beliebige reelle Zahl.

[a] Bestimmen Sie alle ersten und zweiten partiellen Ableitungen.

[b] Bestimmen Sie alle (x, y, z)-Kombinationen (stationäre Punkte), an denen ein lokaler (streng relativer) Extremwert liegen kann. ◀

Aufgabe 10.6

Schwierigkeit: schwer **Zeit:** 15 Minuten

Bei einem zweistufigen Produktionsprozess werden aus den Rohmaterialien R_1, R_2, R_3 zunächst die Zwischenprodukte Z_1, Z_2 hergestellt, anschließend werden aus den Zwischenprodukten die Endprodukte E_1, E_2, E_3 gefertigt.

Der Direktbedarf (in ME) an Rohmaterial für jeweils eine ME der Zwischenprodukte beträgt:

	Z_1	Z_2
R_1	3	2
R_2	4	5
R_3	1	6

Der Direktbedarf (in ME) an Zwischenprodukten für jeweils eine ME der Endprodukte ist wie folgt gegeben:

	E_1	E_2	E_3
Z_1	2	1	7
Z_2	3	4	5

Im Lager befindet sich ein Vorrat von 1 390 ME von R_1, 2 530 ME von R_2 und 2 010 ME von R_3.

Um zu ermitteln, wie viele ME der Endprodukte sich aus dem Vorrat herstellen lassen, gehen Sie bitte wie folgt vor:

[1] Berechnen Sie die Gesamtbedarfsmatrix.

[2] Stellen Sie das zugehörige Gleichungssystem auf und bestimmen Sie die Lösungsmenge des Gleichungssystems.

[3] Bestimmen Sie alle nicht negativen ganzzahligen Lösungen. ◀

Aufgabe 10.7

Schwierigkeit: einfach **Zeit:** 15 Minuten

Ein Unternehmen fertigt zwei Produkte P_1 und P_2. Die produzierten und abgesetzten Mengeneinheiten von P_1 betragen x, die produzierten und abgesetzten Mengeneinheiten von P_2 betragen y. Der Verkaufspreis von einer Mengeneinheit (ME) von Produkt P_1 beträgt 18 Geldeinheiten (GE), der Verkaufspreis von einer ME von P_2 beträgt 9 GE. Die Kosten betragen:

$$K(x, y) = 3xy + 4{,}5x^2 + y^2 + 10\,; \quad x, y \in [0; 5]$$

[a] Geben Sie die Umsatzfunktion (Erlösfunktion) an.

[b] Bestimmen Sie die Gewinn-maximale Mengenkombination der beiden Produkte und den maximalen Gewinn.

[c] Berechnen Sie die Grenzkosten von Produkt P_1 und die Grenzkosten von Produkt P_2. ◀

Aufgabe 10.8

Schwierigkeit: mittelschwer **Zeit:** 15 Minuten

Ein Unternehmen produziert zwei Güter A und B. Die Produktions- und Absatzmenge von Gut A sei x_1, die Produktions- und Absatzmenge von Gut B sei x_2. Die Umsatzfunktion (Erlösfunktion) des Unternehmens ist gegeben durch:

$$U(x_1, x_2) = -2x_1^2 - x_1x_2 - x_2^2 + 200x_1 + 160x_2\,; \quad x_1 \in [0; 40] \text{ und } x_2 \in [0; 40]$$

Die Kostenfunktion lautet:

$$K(x_1, x_2) = 2x_1^2 + 3x_1x_2 + 3x_2^2 + 100\,; \quad x_1 \geq 0, x_2 \geq 0$$

[a] Ermitteln Sie den maximalen Gewinn und die dazugehörigen Produktionsmengen. Welcher Umsatz (Erlös) wird dabei erwirtschaftet, welche Kosten fallen an?

[b] Das Unternehmen möchte in der kommenden Periode von Gut A und Gut B zusammen insgesamt 30 Mengeneinheiten produzieren. Wie muss das Unternehmen die 30 Mengeneinheiten auf die beiden Güter verteilen, damit die Kosten minimal werden? Und wie hoch sind dann die minimalen Kosten? ◄

Lösungen

Lösungen zu Kapitel 2: Matrizenrechnung

Während in der Mengenlehre runde und eckige Klammern unterschiedliche Bedeutungen haben, ist es bei der Matrizenrechnung unerheblich, ob die Elemente einer Matrix von eckigen oder von runden Klammern umschlossen werden.

Tipp!

Um für zwei Matrizen A und B das Produkt $A \cdot B$ zu berechnen, ist folgendes Schema sehr hilfreich. Gemäß dem sogenannten Falk-Schema werden in ein großes Fadenkreuz links unten die Matrix A und rechts oben die Matrix B eingetragen:

$$\begin{array}{c|c} & B \\ \hline A & \end{array}$$

Dann werden der Reihenfolge ihres Auftretens nach die Elemente einer Zeile von A mit den Elementen einer Spalte von B paarweise multipliziert. Anschließend wird die Summe dieser Produkte rechts unten ins Fadenkreuz eingetragen. Das Ergebnis ist die Matrix $C = A \cdot B$:

$$\begin{array}{c|c} & B \\ \hline A & C \end{array}$$

2.1

[a] $$x^t \cdot A = \begin{array}{ccc|ccc} & & & 4 & 3 & -1 \\ & & & 2 & 7 & -3 \\ & & & -5 & 2 & 1 \\ \hline 1 & 2 & -1 & & & \end{array} = \begin{array}{ccc|ccc} & & & 4 & 3 & -1 \\ & & & 2 & 7 & -3 \\ & & & -5 & 2 & 1 \\ \hline 1 & 2 & -1 & 13 & 15 & -8 \end{array} = [13, 15, -8]$$

[b] $$A \cdot x = \begin{array}{ccc|c} & & & 1 \\ & & & 2 \\ & & & -1 \\ \hline 4 & 3 & -1 & \\ 2 & 7 & -3 & \\ -5 & 2 & 1 & \end{array} = \begin{array}{ccc|c} & & & 1 \\ & & & 2 \\ & & & -1 \\ \hline 4 & 3 & -1 & 11 \\ 2 & 7 & -3 & 19 \\ -5 & 2 & 1 & -2 \end{array} = \begin{bmatrix} 11 \\ 19 \\ -2 \end{bmatrix}$$

[c] $$x^t \cdot A \cdot x = \begin{array}{ccc|c} & & & 1 \\ & & & 2 \\ & & & -1 \\ \hline 13 & 15 & -8 & \end{array} = \begin{array}{ccc|c} & & & 1 \\ & & & 2 \\ & & & -1 \\ \hline 13 & 15 & -8 & 51 \end{array} = [51]$$

2.2
Gesamtbedarfsmatrix=?

1. Lösungsweg:

Die Direktbedarfsmatrizen sind:

$$\begin{array}{c|c} & Z_1\,Z_2 \\ \hline R_1 & \\ R_2 & \end{array} \begin{pmatrix} 3 & 1 \\ 2 & 6 \end{pmatrix} = A \qquad \begin{array}{c|c} & E_1\,E_2 \\ \hline Z_1 & \\ Z_2 & \end{array} \begin{pmatrix} 2 & 1 \\ 5 & 4 \end{pmatrix} = B$$

Die Gesamtbedarfsmatrix M ist:

$$M = A \cdot B = \begin{pmatrix} 3 & 1 \\ 2 & 6 \end{pmatrix} \cdot \begin{pmatrix} 2 & 1 \\ 5 & 4 \end{pmatrix} = \begin{pmatrix} 11 & 7 \\ 34 & 26 \end{pmatrix}$$

2. Lösungsweg:

Durch Abfahren der Pfade der Materialflussgrafik ergibt sich:

$$\begin{aligned} R_1 \to E_1 &: \ 3 \cdot 2 + 1 \cdot 5 = 11 \\ R_1 \to E_2 &: \ 1 \cdot 4 + 3 \cdot 1 = 7 \\ R_2 \to E_1 &: \ 2 \cdot 2 + 6 \cdot 5 = 34 \\ R_2 \to E_2 &: \ 6 \cdot 4 + 2 \cdot 1 = 26 \end{aligned}$$

Somit ist $M = \begin{pmatrix} 11 & 7 \\ 34 & 26 \end{pmatrix}$ die Gesamtbedarfsmatrix.

2.3
Gesamtbedarfsmatrix=?

1. Lösungsweg:

Die Direktbedarfsmatrizen sind:

$$\begin{array}{c|c} & Z_1\,Z_2 \\ \hline R_1 & \\ R_2 & \end{array} \begin{pmatrix} 4 & 2 \\ 1 & 0 \end{pmatrix} = A \qquad \begin{array}{c|c} & V_1\,V_2 \\ \hline Z_1 & \\ Z_2 & \end{array} \begin{pmatrix} 1 & 1 \\ 0 & 3 \end{pmatrix} = B \qquad \begin{array}{c|c} & E_1\,E_2 \\ \hline V_1 & \\ V_2 & \end{array} \begin{pmatrix} 5 & 3 \\ 1 & 2 \end{pmatrix} = C$$

Die Gesamtbedarfsmatrix M ist:

$$M = A \cdot B \cdot C = \begin{pmatrix} 4 & 2 \\ 1 & 0 \end{pmatrix} \cdot \begin{pmatrix} 1 & 1 \\ 0 & 3 \end{pmatrix} \cdot \begin{pmatrix} 5 & 3 \\ 1 & 2 \end{pmatrix} = \begin{pmatrix} 4 & 10 \\ 1 & 1 \end{pmatrix} \cdot \begin{pmatrix} 5 & 3 \\ 1 & 2 \end{pmatrix} = \begin{pmatrix} 30 & 32 \\ 6 & 5 \end{pmatrix}$$

2. Lösungsweg:

Durch Abfahren der Pfade der Materialflussgrafik ergibt sich:

$$\begin{aligned} R_1 \to E_1 &: \ 4 \cdot 1 \cdot 5 + 2 \cdot 3 \cdot 1 + 4 \cdot 1 \cdot 1 = 30 \\ R_1 \to E_2 &: \ 2 \cdot 2 \cdot 3 + 4 \cdot 1 \cdot 2 + 4 \cdot 1 \cdot 3 = 32 \\ R_2 \to E_1 &: \ 1 \cdot 1 \cdot 5 + 1 \cdot 1 \cdot 1 = 6 \\ R_2 \to E_2 &: \ 1 \cdot 1 \cdot 2 + 1 \cdot 1 \cdot 3 = 5 \end{aligned}$$

Somit ist $M = \begin{pmatrix} 30 & 32 \\ 6 & 5 \end{pmatrix}$ die Gesamtbedarfsmatrix.

2.4

[a] $3A - B = 3 \cdot \begin{bmatrix} 2 & 4 \\ 6 & 1 \end{bmatrix} - \begin{bmatrix} 3 & 1 \\ 7 & 5 \end{bmatrix} = \begin{bmatrix} 6 & 12 \\ 18 & 3 \end{bmatrix} - \begin{bmatrix} 3 & 1 \\ 7 & 5 \end{bmatrix} = \begin{bmatrix} 3 & 11 \\ 11 & -2 \end{bmatrix}$

[b] $A \cdot B = \begin{array}{cc|cc} & & 3 & 1 \\ & & 7 & 5 \\ \hline 2 & 4 & & \\ 6 & 1 & & \end{array} = \begin{array}{cc|cc} & & 3 & 1 \\ & & 7 & 5 \\ \hline 2 & 4 & 34 & 22 \\ 6 & 1 & 25 & 11 \end{array} = \begin{bmatrix} 34 & 22 \\ 25 & 11 \end{bmatrix}$

[c] $B \cdot A = \begin{array}{cc|cc} & & 2 & 4 \\ & & 6 & 1 \\ \hline 3 & 1 & & \\ 7 & 5 & & \end{array} = \begin{array}{cc|cc} & & 2 & 4 \\ & & 6 & 1 \\ \hline 3 & 1 & 12 & 13 \\ 7 & 5 & 44 & 33 \end{array} = \begin{bmatrix} 12 & 13 \\ 44 & 33 \end{bmatrix}$

2.5

[a] $(A^t \cdot 5B)^t = (5B)^t \cdot A = 5 \cdot B^t \cdot A$

[b] *1. Lösungsweg:*

$E(A-C)B - A(2B-C) = AB - CB - 2AB + AC = -AB - CB + AC = A(C-B) - CB$

2. Lösungsweg:

$E(A-C)B - A(2B-C) = AB - CB - 2AB + AC = -AB - CB + AC = AC - (A+C)B$

[c] $(A+B)^t - (2A \cdot E)^t = A^t + B^t - 2A^t = B^t - A^t = (B-A)^t$

2.6

[a] $A^t = \begin{bmatrix} a & -1 & 7 \\ b & 2 & c \\ 3 & -5 & -4 \end{bmatrix}$

[b] $B - A = \begin{bmatrix} 1-a & -b & -3 \\ 1 & -1 & 5 \\ -7 & -c & 5 \end{bmatrix}$

[c] $A \cdot B = A$, weil B die Einheitsmatrix ist.

2.7

[a] $(2A - B)C + CB = 2AC - BC + CB$

[b] $(2A - B)E + B = 2A - B + B = 2A$

[c] $(2A - B)B - 2AB = 2AB - B^2 - 2AB = -B^2$

2.8

$A \cdot B = \frac{1}{2} \cdot \begin{pmatrix} 5 & 3a+2 \\ 3 & a+2 \\ 4 & 4a \end{pmatrix} = \begin{pmatrix} 2{,}5 & 1{,}5a+1 \\ 1{,}5 & 0{,}5a+1 \\ 2 & 2a \end{pmatrix}$

$$B^2 = B \cdot B = \frac{1}{2} \cdot \begin{pmatrix} 1+a & 2a \\ 2 & 1+a \end{pmatrix} = \begin{pmatrix} 0{,}5+0{,}5a & a \\ 1 & 0{,}5+0{,}5a \end{pmatrix} \quad \text{mit } a \in \mathbb{R}$$

2.9

[a] $A(2B+C) - 3AC = 2AB + AC - 3AC = 2A(B-C)$

[b] $3(AB+2CA) - 6AC = 3AB + 6CA - 6AC = 3A(B-2C) + 6CA$

[c] $A(B+E) - E(A-B)B = AB + A - AB + BB = A + BB$

Lösungen zu Kapitel 3: Gleichungssysteme

Das sollten Sie wissen!

Der Gaußalgorithmus zum Lösen eines linearen Gleichungssystems $Ax = b$ durchläuft drei Phasen:

[1] In der ersten Phase wird das Starttableau $A \mid b$ aufgestellt.

[2] Durch äquivalente Umformungen wird in der zweiten Phase die Koeffizientenmatrix A in eine Matrix in Staffelform überführt. Dazu wird jede Zeile unter der Pivotzeile mit Hilfe des Pivotelements umgeformt. (Das Pivotelement habe ich zum besseren Erkennen in den dargestellten Lösungen in eine eckige Box gesetzt.)

[3] Aus dem Endtableau wird in der dritten Phase rekursiv, d. h. beginnend mit der letzten Zeile, die Lösung bestimmt.

3.1

e_1=ME von E_1, e_2=ME von E_2, e_3=ME von E_3, e_4=ME von E_4

Gaußalgorithmus:

Zeile	e_1	e_2	e_3	e_4	b	Operation
①	$\boxed{1}$	1	2	0	4	
②	1	2	3	1	7	
③	0	1	1	2	3	
④	0	0	0	1	1	
⑤	1	1	2	0	4	①
⑥	0	$\boxed{1}$	1	1	3	②−①
⑦	0	1	1	2	3	③
⑧	0	0	0	1	1	④
⑨	1	1	2	0	4	⑤
⑩	0	1	1	1	3	⑥
⑪	0	0	0	$\boxed{1}$	0	⑦−⑥
⑫	0	0	0	1	1	⑧
⑬	1	1	2	0	4	⑨
⑭	0	1	1	1	3	⑩
⑮	0	0	0	1	0	⑪
⑯	0	0	0	0	1	⑫ −⑪

Zeile ⑯: $0 \cdot x_4 = 1$ ↯; d. h. Lösungsmenge $\mathbb{L} = \emptyset$

Das sollten Sie wissen!

Dass ein Gleichungssystem keine Lösung hat, lässt sich im Endtableau erkennen. Dort steht abgesehen von ggf. kompletten Nullzeilen in der letzten Zeile am Zeilenende eine Zahl ungleich null (wie z. B. die Zahl Eins in der Zeile ⑯ von Aufgabe 3.1), während davor nur Nullen stehen.

3.2

[1] v_1= Bewertung in GE für eine in K_1 hergestellte LE
v_2= Bewertung in GE für eine in K_2 hergestellte LE
v_3= Bewertung in GE für eine in K_3 hergestellte LE

Kostengleichgewicht:

$$\begin{array}{lrcl} \text{I} & (25+15+70)v_1 - 20v_2 - 40v_3 & = & 300 \\ \text{II} & (20+10+90)v_2 - 25v_1 - 30v_3 & = & 200 \\ \text{III} & (40+30+110)v_3 - 15v_1 - 10v_2 & = & 270 \end{array}$$

[2] Gaußalgorithmus:

Zeile	v_1	v_2	v_3		Operation
①	110	−20	−40	300	
②	−25	120	−30	200	
③	−15	−10	180	270	
④	[11]	−2	−4	30	①÷10
⑤	−5	24	−6	40	②÷5
⑥	−3	−2	36	54	③÷5
⑦	11	−2	−4	30	④
⑧	0	[254]	−86	590	11 · ⑤+5 · ④
⑨	0	−28	384	684	11 · ⑥+3 · ④
⑩	−11	−2	−4	30	⑦
⑪	0	254	−86	590	⑧
⑫	0	0	95 128	190 256	254 · ⑨+28 · ⑧

Zeile ⑫: $95\,128 v_3 = 190\,256 \Leftrightarrow v_3 = 2$

Zeile ⑪: $254 v_2 - 86 \cdot 2 = 590 \Leftrightarrow v_2 = \frac{590+172}{254} = \frac{762}{254} = 3$

Zeile ⑩: $11 v_1 - 2 \cdot 3 - 4 \cdot 2 = 30 \Leftrightarrow v_1 = \frac{30+6+8}{11} = \frac{44}{11} = 4$

Lösungsmenge des Gleichungssystems:

$$\mathbb{L} = \left\{ \begin{pmatrix} 4 \\ 3 \\ 2 \end{pmatrix} \right\}$$

d. h. die innerbetrieblichen Verrechnungspreise betragen in K_1 genau 4 GE, in K_2 genau 3 GE und in K_3 genau 2 GE.

Das sollten Sie wissen!

Die beiden Faktoren, mit denen anhand der Pivotzeile die darunter stehende Zeile für die angestrebte Staffelform umgeformt werden muss, ergeben sich aus der Primfaktorenzerlegung.

Für z. B. die Zeile ⑫ aus Aufgabe 3.2 gilt mit der Primfaktorenzerlegung:

$$254 = 2 \cdot 127$$

$$28 = 2 \cdot 2 \cdot 7$$

Das kleinste gemeinsame Vielfache der Zahlen 28 und 254 ist somit:

$$2 \cdot 2 \cdot 7 \cdot 127$$

Daraus ergeben sich die beiden gesuchten Faktoren wie folgt:

$$⑫ = 127 \cdot ⑨ + 14 \cdot ⑧ = (0, 0, 47\,564, 95\,128)$$

Tipp!

Ist nicht klar, mit welchem Faktor ein Pivotelement multipliziert werden muss, um in der Zeile unter dem Pivotelement eine Null zu erzeugen, so können wie z. B. in Zeile ⑫ von Aufgabe 3.2 statt der Primfaktorenzerlegung das Pivotelement 254 selber und die darunter stehende Zahl −28 als Faktoren verwendet werden:

$$⑫ = 254 \cdot ⑨ + 28 \cdot ⑧ = (0, 0, 95\,128, 190\,256)$$

Das erzeugt immer die gewünschte Null unter dem Pivotelement.

3.3

Gaußalgorithmus:

Zeile	x_1	x_2	x_3		Operation
①	2	0	4	24	
②	[1]	4	2	30	
③	7	6	6	71	
④	1	4	2	30	②
⑤	0	[−8]	0	−36	①−2 · ②
⑥	0	−22	−8	−139	③−7 · ②
⑦	1	4	2	30	④
⑧	0	−8	0	−36	⑤
⑨	0	0	−32	−160	4 · ⑥−11 · ⑤

Zeile ⑨: $-32x_3 = -160 \Leftrightarrow x_3 = 5$

Zeile ⑧: $-8x_2 = -36 \Leftrightarrow x_2 = 4{,}5$

Einsetzen in Zeile ⑦ ergibt: $x_1 + 18 + 10 = 30 \Leftrightarrow x_1 = 2$

Die Lösungsmenge $\mathbb{L}$ ergibt sich somit wie folgt:

$$\mathbb{L} = \left\{ \begin{pmatrix} 2 \\ 4{,}5 \\ 5 \end{pmatrix} \right\}$$

Tipp!

Stehen gleich mehrere Zahlen als Pivotelement zur Auswahl wie z. B. die Zahlen 2,1 und 7 im ersten Tableau der Lösung zu Aufgabe 3.3, so verspricht die kleinste Zahl 1 als Pivotelement weniger Rechenaufwand als die beiden größeren Zahlen 2 und 7.

3.4

Gaußalgorithmus:

Zeile	x_1	x_2	x_3		Operation
①	$\boxed{1}$	1	2	90	
②	3	2	5	220	
③	5	7	9	460	
④	1	1	2	90	①
⑤	0	$\boxed{-1}$	−1	−50	②−3 · ①
⑥	0	2	−1	10	③−5 · ①
⑦	1	1	2	90	④
⑧	0	−1	−1	−50	⑤
⑨	0	0	−3	−90	⑥+ 2 · ⑤

Zeile ⑨: $-3x_3 = -90 \Leftrightarrow x_3 = 30$

Einsetzen in Zeile ⑧ ergibt: $-x_2 - 30 = -50 \Leftrightarrow x_2 = 20$

Einsetzen in Zeile ⑦ ergibt: $x_1 + 20 + 60 = 90 \Leftrightarrow x_1 = 10$

Die Lösungsmenge $\mathbb{L}$ ergibt sich somit wie folgt:

$$\mathbb{L} = \left\{ \begin{pmatrix} 10 \\ 20 \\ 30 \end{pmatrix} \right\}$$

3.5

Rohstoffbedarf für jeweils eine ME der Endprodukte:

	E_1	E_2	E_3
R_1	2	1	1
R_2	4	2	1
R_3	9	3	1

[1] e_1=ME von E_1, e_2=ME von E_2, e_3=ME von E_3

Gleichungssystem:

$$\begin{array}{lrcl} \text{I} & 2e_1 + e_2 + e_3 & = & 12 \\ \text{II} & 4e_1 + 2e_2 + e_3 & = & 23 \\ \text{III} & 9e_1 + 3e_2 + e_3 & = & 40 \end{array}$$

[2] Gaußalgorithmus:

Zeile	e_1	e_2	e_3		Operation
①	2 (umrahmt)	1	1	12	
②	4	2	1	23	
③	9	3	1	40	
④	2	1	1	12	①
⑤	0	0	−1	−1	②−2·①
⑥	0	−3 (umrahmt)	-7	−28	2·③−9·①
⑦	2	1	1	12	④
⑧	0	−3	-7	−28	⑥
⑨	0	0	-1	-1	⑤

Zeile ⑨: $-e_3 = -1 \Leftrightarrow e_3 = 1$

Einsetzen in Zeile ⑧ ergibt: $-3e_2 - 7 \cdot 1 = -28 \Leftrightarrow -3e_2 = -21 \Leftrightarrow e_2 = 7$

Einsetzen in Zeile ⑦ ergibt: $2e_1 + 7 + 1 = 12 \Leftrightarrow 2e_1 = 4 \Leftrightarrow e_1 = 2$

Die Lösungsmenge $\mathbb{L}$ ergibt sich somit wie folgt:

$$\mathbb{L} = \left\{ \begin{pmatrix} 2 \\ 7 \\ 1 \end{pmatrix} \right\}$$

d. h. aus dem Vorrat können 2 ME von E_1, 7 ME von E_2 und eine ME von E_3 hergestellt werden.

3.6

Seien v_1, v_2 und v_3 die Bewertungen (in GE) für die Herstellung je einer Leistungseinheit der drei Kostenstellen.

[1] Kostengleichgewicht: Werden für jede Kostenstelle die empfangenen von den abgegebenen Leistungen abgezogen, so müssen die Primärkosten gerade gedeckt sein:

$$\begin{aligned}(70+10+20)v_1 - 15v_2 - 30v_3 &= 35\\(50+15+35)v_2 - 10v_1 - 45v_3 &= 100\\(25+30+45)v_3 - 20v_1 - 35v_2 &= 255\end{aligned}$$

[2] Mit dem Gaußalgorithmus ergibt sich:

Zeile	v_1	v_2	v_3		Operation
①	100	−15	−30	35	
②	[−10]	100	−45	100	
③	−20	−35	100	255	
④	−10	100	−45	100	②
⑤	0	985	−480	1 035	①+10 · ②
⑥	0	[−235]	190	55	③−2 · ②
⑦	−10	100	−45	100	④
⑧	0	−235	190	55	⑥
⑨	0	0	74 350	297 400	235 · ⑤+985 · ⑥

Aus Zeile ⑨ ergibt sich: $74\,350 v_3 = 297\,400 \Leftrightarrow v_3 = 4$

Einsetzen in Zeile ⑧ ergibt: $-235v_2 + 190 \cdot 4 = 55 \Leftrightarrow v_2 = 3$

Einsetzen in Zeile ⑦ ergibt: $-10v_1 + 100 \cdot 3 - 45 \cdot 4 = 100 \Leftrightarrow v_1 = 2$

Die Lösungsmenge $\mathbb{L}$ ergibt sich somit wie folgt:

$$\mathbb{L} = \left\{ \begin{pmatrix} 2 \\ 3 \\ 4 \end{pmatrix} \right\}$$

d. h. die innerbetrieblichen Verrechnungspreise für die Herstellung jeweils einer Leistungseinheit betragen in Kostenstelle $K1$ genau 2 GE, in Kostenstelle K_2 genau 3 GE und in Kostenstelle K_3 genau 4 GE.

3.7

q_1=GE pro ME von R_1, q_2=GE pro ME von R_2, q_3=GE pro ME von R_3

$$\begin{aligned}\text{I} \quad 5q_1 + 11q_2 + 7q_3 &= 140\\\text{II} \quad 8q_1 + 10q_2 + 5q_3 &= 135\\\text{III} \quad 9q_1 + 3q_2 + 4q_3 &= 91\end{aligned}$$

Das sollten Sie wissen!

Ist ein Gleichungssystem lösbar, so lässt sich eine mehrdeutige Lösung im Endtableau erkennen. Dort hat nicht jede Variable ein Pivotelement (wie z. B. die Variable x_3 im Endtableau von Aufgabe 3.8). Variablen, die im Endtableau kein Pivotelement haben, dürfen beliebig aus $\mathbb{R}$ gewählt werden.

Tipp!

Um alle Lösungen eines mehrdeutigen Gleichungssystems systematisch zu finden, wird bei der rekursiven Bestimmung der Lösungen die Gleichung einer Zeile immer nach der Variablen aufgelöst, die in dieser Zeile das Pivotelement hat. So wird z. B. die Gleichung in der Zeile ⑧ von Aufgabe 3.8 nach der Variablen x_2 (und nicht nach der Variablen x_3) aufgelöst.

3.8

Gaußalgorithmus:

Zeile	x_1	x_2	x_3		Operation
①	$\boxed{2}$	1	3	80	
②	5	2	4	130	
③	4	1	−1	20	
④	2	1	3	80	①
⑤	0	$\boxed{-1}$	−7	−140	2 · ②−5 · ①
⑥	0	−1	−7	−140	③−2 · ①
⑦	2	1	3	80	④
⑧	0	−1	−7	−140	⑤
⑨	0	0	0	0	⑥−⑤

Im Endtableau haben x_1 und x_2 ein Pivotelement, während x_3 kein Pivotelement hat:

Zeile	x_1	x_2	x_3	
⑦	$\boxed{2}$	1	3	80
⑧	0	$\boxed{-1}$	−7	−140
⑨	0	0	0	0

Die Variablen, die im Endtableau kein Pivotelement haben, dürfen für die Lösung des Gleichungssystems beliebig aus $\mathbb{R}$ gewählt werden: $x_3 \in \mathbb{R}$.

Zeile ⑨: keine Information

Aus Zeile ⑧ ergibt sich: $-x_2 - 7x_3 = -140$

In der Zeile ⑧ hat x_2 ein Pivotelement, deshalb lösen wir die Gleichung nach x_2 auf:

$x_2 = 140 - 7x_3$.

Einsetzen in Zeile ⑦ ergibt: $2x_1 + (140 - 7x_3) + 3x_3 = 80$

In der Zeile ⑦ hat x_1 ein Pivotelement, deshalb lösen wir die Gleichung nach x_1 auf:

$x_1 = -30 + 2x_3$.

$$\mathbb{L} = \left\{ \begin{pmatrix} -30 + 2x_3 \\ 140 - 7x_3 \\ x_3 \end{pmatrix} ; x_3 \in \mathbb{R} \right\}$$

Das sollten Sie wissen!

Um alle nicht negativen ganzzahligen Lösungen eines Gleichungssystems aufschreiben zu können, werden Aufzählungen von Elementen einer Menge benötigt. Dabei haben runde Klammern „(“ bzw. „)“ und eckige Klammern „[“ bzw. „]“ und geschweifte Klammern „{“ bzw. „}“' unterschiedliche Bedeutungen. (vgl. Arrenberg et al. [2]). Für das Aufzählen von Elementen einer Menge sind geschweifte Klammern zu verwenden.

3.9

[1] Gaußalgorithmus:

Zeile	x_1	x_2	x_3		Operation
①	5	−2	300	3 100	
②	3	4	−340	300	
③	$\boxed{2}$	2	−160	400	
④	2	2	−160	400	③
⑤	0	−14	1 400	4 200	2 · ①−5 · ③
⑥	0	$\boxed{2}$	−200	−600	2 · ②−3 · ③
⑦	2	2	−160	400	④
⑧	0	2	−200	−600	⑥
⑨	0	0	0	0	⑤+7 · ⑥

Zeile ⑧: $2x_2 - 200x_3 = -600 \Leftrightarrow x_2 = 100x_3 - 300$

Zeile ⑦: $2x_1 + 2(100x_3 - 300) - 160x_3 = -400 \Leftrightarrow 2x_1 + 40x_3 - 600 = 400 \Leftrightarrow x_1 = 500 - 20x_3$

Die Lösungsmenge $\mathbb{L}$ ergibt sich somit wie folgt:

$$\mathbb{L} = \left\{ \begin{pmatrix} 500 - 20x_3 \\ 100x_3 - 300 \\ x_3 \end{pmatrix}; x_3 \in \mathbb{R} \right\}$$

[2] $x_1 = 500 - 20x_3 \geq 0 \Leftrightarrow 500 \geq 20x_3 \Leftrightarrow 25 \geq x_3 \Leftrightarrow x_3 \leq 25$

$x_2 = 100x_3 - 300 \geq 0 \Leftrightarrow 100x_3 \geq 300 \Leftrightarrow x_3 \geq 3$

$x_3 \geq 0$

Fazit: $x_3 \in (-\infty; 25] \cap [3; +\infty) \cap [0; +\infty) = [3; 25]$

$$\text{nicht negative } \mathbb{L} = \left\{ \begin{pmatrix} 500 - 20x_3 \\ 100x_3 - 300 \\ x_3 \end{pmatrix}; x_3 \in [3; 25] \right\}$$

[3] Da in keinem der beiden Terme $500 - 20x_3$ und $100x_3 - 300$ ein Bruch vorkommt, können für x_3 alle ganzen Zahlen aus dem Intervall [3;25] gewählt werden, damit die Lösung nicht negativ und ganzzahlig ist:

$$\text{nicht negative ganzzahlige } \mathbb{L} = \left\{ \begin{pmatrix} 500 - 20x_3 \\ 100x_3 - 300 \\ x_3 \end{pmatrix}; x_3 \in \{3, 4, 5, \ldots, 25\} \right\}$$

Um eine spezielle ganzzahlige nicht negative Lösung zu erhalten, wird für x_3 ein Wert aus der Menge $\{3, 4, 5, \ldots, 25\}$ eingesetzt, z B. $x_3 = 7$. Dann betragen:

$x_1 = 500 - 20 \cdot 7 = 360$

$x_2 = 100 \cdot 7 - 300 = 400$

Tipp!

Ist die Lösung eines Gleichungssystems mit z. B. den drei Variablen x_1, x_2, x_3 mehrdeutig und soll die ganzzahlige Lösung bestimmt werden, so müssen aus der Darstellung der Variablen x_1, x_2, x_3 in $\mathbb{L}$ die Brüche herausgesucht werden.

- Lautet z. B.:
$$\mathbb{L} = \left\{ \begin{pmatrix} 200 - \frac{17}{4}x_3 \\ \frac{10}{3}x_3 - 30 \\ x_3 \end{pmatrix}; x_3 \in \mathbb{R} \right\}$$
so muss x_3 sowohl ein Vielfaches der Zahl 3 als auch ein Vielfaches der Zahl 4 sein, damit die beiden Terme $\frac{17}{4}x_3$ und $\frac{10}{3}x_3$ ganzzahlig sind. Das kleinste gemeinsame Vielfache der Zahlen 3 und 4 ist die Zahl 12. Deshalb muss x_3 ein Vielfaches der Zahl 12 sein, damit die Lösung ganzzahlig ist.
- Lautet z. B.:
$$\mathbb{L} = \left\{ \begin{pmatrix} 200 - \frac{1}{4}x_3 \\ \frac{7}{8}x_3 - 30 \\ x_3 \end{pmatrix}; x_3 \in \mathbb{R} \right\}$$
so muss x_3 sowohl ein Vielfaches der Zahl 4 als auch ein Vielfaches der Zahl 8 sein, damit die beiden Terme $\frac{1}{4}x_3$ und $\frac{7}{8}x_3$ ganzzahlig sind. Das kleinste gemeinsame Vielfache der Zahlen 4 und 8 ist die Zahl 8. Deshalb muss x_3 ein Vielfaches der Zahl 8 sein, damit die Lösung ganzzahlig ist.
- Lautet z. B.:
$$\mathbb{L} = \left\{ \begin{pmatrix} 200 - x_3 \\ \frac{10}{3}x_3 - \frac{37}{3} \\ x_3 \end{pmatrix}; x_3 \in [3{,}7; 200] \right\}$$
so tauchen in der Darstellung von x_2 gleich zwei Brüche auf: $\frac{10}{3}x_3$ und $\frac{37}{3}$. Damit $x_2 = \frac{10}{3}x_3 - \frac{37}{3} = \frac{10x_3 - 37}{3}$ ganzzahlig ist, muss der Term $10x_3 - 37$ ein Vielfaches der Zahl 3 sein. Die kleinste ganze Zahl für $x_3 \in [3{,}7; 200]$ ist der Wert $x_3 = 4$. Jetzt probieren wir für x_3 nacheinander die Zahlen 4,5,6,7,...,200 aus, um die ganzzahlige $\mathbb{L}$ zu finden:

  [1] 1. Fall: $x_3 = 4$. Dann lässt sich der Term $10x_3 - 37 = 40 - 37 = 3$ ohne Rest durch drei dividieren.

  [2] 2. Fall: $x_3 = 5$. Dann lässt sich der Term $10x_3 - 37 = 50 - 37 = 13$ nicht ohne Rest durch drei dividieren.

[3] 3. Fall: $x_3 = 6$. Dann lässt sich der Term $10x_3 - 37 = 60 - 37 = 23$ nicht ohne Rest durch drei dividieren.

[4] 4. Fall: $x_3 = 7$. Dann lässt sich der Term $10x_3 - 37 = 70 - 37 = 33$ ohne Rest durch drei dividieren.

[5] 5. Fall: $x_3 = 8$. Dann lässt sich der Term $10x_3 - 37 = 80 - 37 = 43$ nicht ohne Rest durch drei dividieren.

[6] 6. Fall: $x_3 = 9$. Dann lässt sich der Term $10x_3 - 37 = 90 - 37 = 53$ nicht ohne Rest durch drei dividieren.

[7] 7. Fall: $x_3 = 10$. Dann lässt sich der Term $10x_3 - 37 = 100 - 37 = 63$ ohne Rest durch drei dividieren.

[8] usw.

Fazit: x_3 muss aus der Menge $\{4, 7, 10, 13, 16, 19, 22, \dots, 196, 199\}$ sein, damit die Lösung ganzzahlig ist.

3.10

[1] Zeile ⑨: keine Information

Zeile ⑧: $5e_2 - 2e_3 = -75 \Leftrightarrow e_2 = \frac{2}{5}e_3 - 15$

Zeile ⑦: $2e_1 + 3e_2 - e_3 = 21 \Leftrightarrow 2e_1 - 45 + \frac{6}{5}e_3 - e_3 = 21 \Leftrightarrow e_1 = 33 - \frac{1}{10}e_3$

Die Lösungsmenge ergibt sich somit wie folgt:

$$\mathbb{L} = \left\{ \begin{pmatrix} 33 - \frac{1}{10}e_3 \\ \frac{2}{5}e_3 - 15 \\ e_3 \end{pmatrix} ; e_3 \in \mathbb{R} \right\}$$

[2] $e_1 = 33 - \frac{1}{10}e_3 \geq 0 \Leftrightarrow 33 \geq 0{,}1e_3 \Leftrightarrow 330 \geq e_3 \Leftrightarrow e_3 \leq 330$

$e_2 = \frac{2}{5}e_3 - 15 \geq 0 \Leftrightarrow \frac{2}{5}e_3 \geq 15 \Leftrightarrow e_3 \geq 37{,}5$

$e_3 \geq 0$

Fazit: $e_3 \in (-\infty; 330] \cap [37{,}5; +\infty) \cap [0; +\infty) = [37{,}5; 330]$

Die Lösungsmenge $\mathbb{L}$ ergibt sich somit wie folgt:

$$\text{nicht negative } \mathbb{L} = \left\{ \begin{pmatrix} 33 - \frac{1}{10}e_3 \\ \frac{2}{5}e_3 - 15 \\ e_3 \end{pmatrix} ; e_3 \in [37{,}5\,;\,330] \right\}$$

[3] e_3 muss ein Vielfaches der Zahl 5 sein, damit der Term $\frac{2}{5}e_3$ ganzzahlig ist. Und e_3 muss ein Vielfaches der Zahl 10 sein, damit der Term $\frac{1}{10}e_3$ ganzzahlig ist.
Damit beide Terme $\frac{1}{10}e_3$ und $\frac{2}{5}e_3$ ganzzahlig sind, muss also e_3 ein Vielfaches der Zahl 10 sein. Gleichzeitig muss e_3 im Intervall $[37{,}5\,;330]$ liegen, damit die Lösung nicht negativ ist.

Die Lösungsmenge $\mathbb{L}$ ergibt sich somit wie folgt:

$$\text{nicht negative ganzzahlige } \mathbb{L} = \left\{ \begin{pmatrix} 33 - \frac{1}{10}e_3 \\ \frac{2}{5}e_3 - 15 \\ e_3 \end{pmatrix} ; e_3 \in \{40, 50, 60, 70 \ldots 320, 330\} \right\}$$

Es gibt also dreißig verschiedene nicht negative ganzzahlige Lösungen. Für z. B. $e_3 = 40$ lautet die nicht negative ganzzahlige Lösung:

$$\begin{pmatrix} 29 \\ 1 \\ 40 \end{pmatrix}$$

Und für z. B. $e_3 = 290$ lautet die nicht negative ganzzahlige Lösung:

$$\begin{pmatrix} 4 \\ 101 \\ 290 \end{pmatrix}$$

3.11

[1] Zeile ②: $7x_2 - 11x_3 = -70 \Leftrightarrow 7x_2 = 11x_3 - 70 \Leftrightarrow x_2 = \dfrac{11}{7}x_3 - 10$

Zeile ①: $7x_1 + 71x_3 = 1\,400 \Leftrightarrow 7x_1 = 1\,400 - 71x_3 \Leftrightarrow x_1 = 200 - \frac{71}{7}x_3$

$$\text{d. h. } \mathbb{L} = \left\{ \begin{pmatrix} 200 - \frac{71}{7}x_3 \\ \frac{11}{7}x_3 - 10 \\ x_3 \end{pmatrix} ; x_3 \in \mathbb{R} \right\}$$

[2] $x_1 = 200 - \dfrac{71}{7}x_3 \geq 0 \Leftrightarrow 200 \geq \dfrac{71}{7}x_3 \Leftrightarrow \dfrac{1\,400}{71} \geq x_3 \Leftrightarrow x_3 \leq 19{,}7$

$x_2 = \dfrac{11}{7}x_3 - 10 \geq 0 \Leftrightarrow \dfrac{11}{7}x_3 \geq 10 \Leftrightarrow x_3 \geq \dfrac{70}{11} = 6{,}4$

$x_3 \geq 0$

Fazit: $x_3 \in (-\infty; 19{,}7] \cap [6{,}4; +\infty) \cap [0; +\infty) = [6{,}4; 19{,}7]$

$$\text{nicht negative } \mathbb{L} = \left\{ \begin{pmatrix} 200 - \frac{71}{7}x_3 \\ \frac{11}{7}x_3 - 10 \\ x_3 \end{pmatrix} ; x_3 \in [6{,}4\,;\, 19{,}7] \right\}$$

[3] x_3 muss ein Vielfaches der Zahl 7 sein, damit die beiden Terme $\frac{71}{7}x_3$ und $\frac{11}{7}x_3$ ganzzahlig sind. Gleichzeitig muss x_3 im Intervall $[6{,}4\,;\,19{,}7]$ liegen, damit die Lösung nicht negativ ist.
Die einzigen Vielfachen der Zahl 7 im Intervall $[6{,}4\,;\,19{,}7]$ sind die beiden Zahlen 7 und 14. Die Lösungsmenge $\mathbb{L}$ ergibt sich somit wie folgt:

$$\text{nicht negative ganzzahlige } \mathbb{L} = \left\{ \begin{pmatrix} 200 - \frac{71}{7}x_3 \\ \frac{11}{7}x_3 - 10 \\ x_3 \end{pmatrix} ; x_3 \in \{7; 14\} \right\}$$

d. h. es gibt genau zwei nicht negative ganzzahlige Lösungen:

$$\begin{pmatrix}129\\1\\7\end{pmatrix} \text{ und } \begin{pmatrix}58\\12\\14\end{pmatrix}$$

3.12

e_1=ME von E_1, e_2=ME von E_2, e_3=ME von E_3

[1] Gleichungssystem:

$$\begin{array}{lrcr} \text{I} & 10e_1 + e_2 + 10e_3 & = & 350 \\ \text{II} & 40e_1 + 5e_2 + 30e_3 & = & 1\,350 \\ \text{III} & 50e_1 + 6e_2 + 40e_3 & = & 1\,700 \end{array}$$

[2] Gaußalgorithmus:

Zeile	e_1	e_2	e_3		Operation
①	10	1	10	350	
②	40	5	30	1 350	
③	50	6	40	1 700	
④	10	1	10	350	①
⑤	0	1	−10	−50	②−4 · ①
⑥	0	1	-10	−50	③−5 · ①
⑦	10	1	10	350	④
⑧	0	1	-10	−50	⑤
⑨	0	0	0	0	⑥−⑤

Zeile ⑧: $e_2 - 10e_3 = -50 \Leftrightarrow x_2 = 10e_3 - 50$

Zeile ⑦: $10e_1 + 10e_3 - 50 + 10e_3 = 350 \Leftrightarrow 10e_1 = 400 - 20e_3 \Leftrightarrow e_1 = 40 - 2e_3$

Die Lösungsmenge $\mathbb{L}$ ergibt sich somit wie folgt:

$$\mathbb{L} = \left\{ \begin{pmatrix} 40 - 2e_3 \\ 10e_3 - 50 \\ e_3 \end{pmatrix} ; e_3 \in \mathbb{R} \right\}$$

[3] $e_1 = 40 - 2e_3 \geq 0 \Leftrightarrow 40 \geq 2e_3 \Leftrightarrow 20 \geq e_3 \Leftrightarrow e_3 \leq 20$

$e_2 = 10e_3 - 50 \geq 0 \Leftrightarrow 10e_3 \geq 50 \Leftrightarrow e_3 \geq 5$

$e_3 \geq 0$

Fazit: $e_3 \in (-\infty; 20] \cap [5; +\infty) \cap [0; +\infty) = [5; 20]$

Die Lösungsmenge $\mathbb{L}$ ergibt sich somit wie folgt:

$$\text{nicht negative } \mathbb{L} = \left\{ \begin{pmatrix} 40 - 2e_3 \\ 10e_3 - 50 \\ e_3 \end{pmatrix} ; e_3 \in [5; 20] \right\}$$

[4] Da in keinem der beiden Terme $40 - 2e_3$ und $10e_3 - 50$ ein Bruch vorkommt, können für e_3 alle ganzen Zahlen aus dem Intervall [5;20] gewählt werden, damit die Lösung

nicht negativ und ganzzahlig ist:

$$\text{nicht negative ganzzahlige } \mathbb{L} = \left\{ \begin{pmatrix} 40 - 2e_3 \\ 10e_3 - 50 \\ e_3 \end{pmatrix} ; e_3 \in \{5, 6, 7, \ldots, 20\} \right\}$$

[5] Es gibt also sechzehn verschiedene nicht negative ganzzahlige Lösungen. Für z. B. $e_3 = 5$ ergeben sich $e_2 = 10 \cdot 5 - 50 = 0$ und $e_1 = 40 - 2 \cdot 5 = 30$:

$$\begin{pmatrix} 30 \\ 0 \\ 5 \end{pmatrix}$$

d. h. aus dem Vorrat lassen sich z. B. 30 ME von E_1 und 5 ME von E_3 herstellen.

3.13

[1] Gaußalgorithmus:

Zeile	x_1	x_2	x_3		Operation
①	2	5	2	60	
②	1	4	4	60	
③	$\boxed{1}$	2	0	20	
④	1	2	0	20	③
⑤	0	2	4	40	②−③
⑥	0	$\boxed{1}$	2	20	①−2 · ③
⑦	1	2	0	20	⑥
⑧	0	1	2	20	⑥
⑨	0	0	0	0	⑤−2 · ⑥

Zeile ⑧: $x_2 + 2x_3 = 20 \Leftrightarrow x_2 = 20 - 2x_3$

Einsetzen in Zeile ⑦ ergibt: $x_1 + 2 \cdot (20 - 2x_3) = 20 \Leftrightarrow x_1 = 4x_3 - 20$

$$\mathbb{L} = \left\{ \begin{pmatrix} 4x_3 - 20 \\ 20 - 2x_3 \\ x_3 \end{pmatrix} ; x_3 \in \mathbb{R} \right\}$$

[2] $x_1 = 4x_3 - 20 \geq 0 \Leftrightarrow 4x_3 \geq 20 \Leftrightarrow x_3 \geq 5$

$x_2 = 20 - 2x_3 \geq 0 \Leftrightarrow 20 \geq 2x_3 \Leftrightarrow 10 \geq x_3 \Leftrightarrow x_3 \leq 10$

$x_3 \geq 0$

Fazit: $x_3 \in [5; +\infty) \cap (-\infty; 10] \cap [0; +\infty) = [5; 10]$

$$\text{nicht negative } \mathbb{L} = \left\{ \begin{pmatrix} 4x_3 - 20 \\ 20 - 2x_3 \\ x_3 \end{pmatrix} ; x_3 \in [5; 10] \right\}$$

[3] Da in keinem der beiden Terme $4x_3 - 20$ und $20 - 2x_3$ ein Bruch vorkommt, können für x_3 alle ganzen Zahlen aus dem Intervall [5;10] gewählt werden, damit die Lösung nicht negativ und ganzzahlig ist:

nicht negative ganzzahlige $\mathbb{L} = \left\{ \begin{pmatrix} 4x_3 - 20 \\ 20 - 2x_3 \\ x_3 \end{pmatrix} ; x_3 \in \{5, 6, 7, 8, 9, 10\} \right\}$

d. h. es gibt sechs nicht negative ganzzahlige Lösungen:

$\begin{pmatrix} 0 \\ 10 \\ 5 \end{pmatrix} \begin{pmatrix} 4 \\ 8 \\ 6 \end{pmatrix} \begin{pmatrix} 8 \\ 6 \\ 7 \end{pmatrix} \begin{pmatrix} 12 \\ 4 \\ 8 \end{pmatrix} \begin{pmatrix} 16 \\ 2 \\ 9 \end{pmatrix} \begin{pmatrix} 20 \\ 0 \\ 10 \end{pmatrix}$

3.14

Gaußalgorithmus:

Zeile	x_1	x_2	x_3		Operation
①	$\boxed{1}$	3	−1	35	
②	2	1	13	65	
③	2	−4	28	60	
④	3	4	12	100	
⑤	1	3	−1	35	①
⑥	0	$\boxed{-5}$	15	−5	②−2 · ①
⑦	0	−10	30	−10	③−2 · ①
⑧	0	−5	15	−5	④−3 · ①
⑨	1	3	−1	35	⑤
⑩	0	−5	15	−5	⑥
⑪	0	0	0	0	⑦−2 · ⑥
⑫	0	0	0	0	⑧−⑥

Zeile ⑩: $-5x_2 + 15x_3 = -5 \Leftrightarrow x_2 = 1 + 3x_3$

Einsetzen in Zeile ⑨ ergibt: $x_1 + 3 \cdot (1 + 3x_3) - x_3 = 35 \Leftrightarrow x_1 = 32 - 8x_3$

$$\mathbb{L} = \left\{ \begin{pmatrix} 32 - 8x_3 \\ 1 + 3x_3 \\ x_3 \end{pmatrix} ; x_3 \in \mathbb{R} \right\}$$

[1] $x_1 = 32 - 8x_3 \geq 0 \Leftrightarrow 32 \geq 8x_3 \Leftrightarrow 4 \geq x_3 \Leftrightarrow x_3 \leq 4$

$x_2 = 1 + 3x_3 \geq 0 \Leftrightarrow 3x_3 \geq -1 \Leftrightarrow x_3 \geq -\frac{1}{3}$

$x_3 \geq 0$

Fazit: $x_3 \in (-\infty; 4] \cap [-\frac{1}{3}; +\infty) \cap [0; +\infty) = [0; 4]$

nicht negative nicht negative $\mathbb{L} = \left\{ \begin{pmatrix} 32 - 8x_3 \\ 1 + 3x_3 \\ x_3 \end{pmatrix} ; x_3 \in [0; 4] \right\}$

[2] Für z. B. $x_3 = 0$ gilt: $x_1 = 32$ und $x_2 = 1$.

Lösungen zu Kapitel 4: Grenzwerte von Funktionen

Tipp!

Die Bestimmung des Grenzwerts $\lim\limits_{x \to x_0} \dfrac{f(x)}{g(x)}$ einer rationalen Funktion durch ggf. Faktorisieren und Kürzen erfolgt in drei Schritten:

[1] Im ersten Schritt wird x_0 sowohl im Zähler als auch im Nenner eingesetzt. Steht dann im Nenner keine Null, so ergibt der Quotient $\dfrac{f(x_0)}{g(x_0)}$ den gesuchten Grenzwert. Steht jedoch im Nenner eine Null, so beginnt der zweite Schritt.

[2] Für den Fall, dass beim Einsetzen von x_0 nicht nur im Nenner, sondern auch im Zähler eine Null steht, werden im zweiten Schritt sowohl das Polynom im Zähler als auch das Polynom im Nenner faktorisiert. Anschließend werden der faktorisierte Zähler und der faktorisierte Nenner jeweils durch den Faktor $(x - x_0)$ gekürzt. Der gesuchte Grenzwert ergibt sich jetzt durch Einsetzen von x_0 im gekürzten Zähler und im gekürzten Nenner. (vgl. Lösung zu Aufgabe 4.1)

[3] Steht im ersten Schritt beim Einsetzen von x_0 zwar im Nenner eine Null, nicht aber im Zähler, so muss im dritten und letzten Schritt eine Wertetabelle aufgestellt werden. Dazu werden die Funktionswerte der rationalen Funktion z. B. an den sechs Stellen $x_0 - 0{,}1$, $x_0 - 0{,}01$, $x_0 - 0{,}001$, $x_0 + 0{,}001$, $x_0 + 0{,}01$, $x_0 + 0{,}1$ ausgewertet, um zu erkennen, ob der linksseitige Grenzwert und der rechtsseitige Grenzwert überhaupt existieren. (vgl. Arrenberg [1])

4.1

$\lim\limits_{x \to 5} \dfrac{9x - 45}{3x^2 - 18x + 15} = ?$

Durch Einsetzen von $x_0 = 5$ ergibt sich:

Zähler $= 9 \cdot 5 - 45 = 0$

Nenner $= 3 \cdot 25 - 18 \cdot 5 + 15 = 75 - 90 + 15 = 0$

Fazit: Nenner $= 0 =$ Zähler

Faktorisieren:

Zähler $= 9x - 45 = 9(x - 5)$

Nenner $= 0 = 3x^2 - 18x + 15$

Division durch 3, um die pq-Formel anwenden zu können, ergibt:

$0 = x^2 - 6x + 5$

Formel-Navigator

Verwenden Sie hier Formel 15.

$x = 3 \pm \sqrt{9-5} = 3 \pm \sqrt{4} = 3 \pm 2 \Leftrightarrow x = 5$ oder $x = 1$

Faktorisieren mit dem Faktor (x – Nullstelle) ergibt:

Nenner = $3(x-5)(x-1)$

Somit haben wir:

$$\lim_{x\to 5} \frac{9x-45}{3x^2-18x+15} = \lim_{x\to 5} \frac{9(x-5)}{3(x-5)(x-1)}$$

Division durch den Faktor $(x-5)$ ergibt:

$$\lim_{x\to 5} \frac{9(x-5)}{3(x-5)(x-1)} = \lim_{x\to 5} \frac{9}{3(x-1)}$$

Jetzt setzen wir für x den Wert $x_0 = 5$ ein:

$$\lim_{x\to 5} \frac{9}{3(x-1)} = \frac{9}{12} = \frac{3}{4} = 0{,}75$$

4.2

$$\lim_{x\to -3} \frac{-2x^2-2x+12}{3x+9} = ?$$

Durch Einsetzen von $x_0 = -3$ ergibt sich:

Zähler = $-2 \cdot 9 - 2 \cdot (-3) + 12 = -18 + 6 + 12 = 0$

Nenner = $3 \cdot (-3) + 9 = -9 + 9 = 0$

Fazit: Nenner=0=Zähler

Faktorisieren:

Zähler = $0 = -2x^2 - 2x + 12$

Division durch -2, um die pq-Formel anwenden zu können, ergibt:

$0 = x^2 + x - 6$

Formel-Navigator

Verwenden Sie hier Formel 15.

$$x = -\frac{1}{2} \pm \sqrt{\frac{1}{4}+6} = -\frac{1}{2} \pm \sqrt{\frac{25}{4}} = -\frac{1}{2} \pm \frac{5}{2} \Leftrightarrow x = -3 \text{ oder } x = 2$$

Faktorisieren mit dem Faktor (x – Nullstelle) ergibt:

Zähler =$-2(x-2)(x-(-3)) = -2(x-2)(x+3)$

Nenner = $3x + 9 = 3(x+3)$

Somit haben wir:

$$\lim_{x\to-3}\frac{-2x^2-2x+12}{3x+9}=\lim_{x\to-3}\frac{-2(x-2)(x+3)}{3(x+3)}$$

Kürzen durch den Faktor $(x+3)$ ergibt:

$$\lim_{x\to-3}\frac{-2(x-2)(x+3)}{3(x+3)}=\lim_{x\to-3}\frac{-2(x-2)}{3}$$

Jetzt setzen wir für x den Wert $x_0=-3$ ein:

$$\lim_{x\to-3}\frac{-2(x-2)}{3}=\frac{10}{3}$$

4.3

$$\lim_{x\to0}\frac{x^5-12x^4+x^3+3x^2}{x^2}=?$$

1. Lösungsweg:

Ausklammern von x^2 ergibt:

$$\lim_{x\to0}\frac{x^5-12x^4+x^3+3x^2}{x^2}=\lim_{x\to0}\frac{x^2(x^3-12x^2+x+3)}{x^2}$$

Kürzen durch x^2 ergibt:

$$\lim_{x\to0}\frac{x^2(x^3-12x^2+x+3)}{x^2}=\lim_{x\to0}(x^3-12x^2+x+3)$$

Jetzt setzen wir für x den Wert $x_0=0$ ein:

$$\lim_{x\to0}(x^3-12x^2+x+3)=3$$

2. Lösungsweg:

Durch Einsetzen von $x_0=0$ ergibt sich:

Zähler = 0

Nenner = 0

Fazit: Nenner=0=Zähler

Faktorisieren:

Faktorisieren mit dem Faktor $(x-\text{Nullstelle})$ ergibt:

Zähler $=(x-0)(x^4-12x^3+x^2+3x)=x\cdot(x^4-12x^3+x^2+3x)$

Nenner $=(x-0)x=x\cdot x$

Somit haben wir:

$$\lim_{x\to0}\frac{x^5-12x^4+x^3+3x^2}{x^2}=\lim_{x\to0}\frac{x(x^4-12x^3+x^2+3x)}{x\cdot x}$$

Kürzen durch den Faktor x ergibt:

$$\lim_{x\to0}\frac{x(x^4-12x^3+x^2+3x)}{x\cdot x}=\lim_{x\to0}\frac{x^4-12x^3+x^2+3x}{x}$$

Durch Einsetzen von $x_0 = 0$ ergibt sich:

Zähler = 0

Nenner = 0

Fazit: Nenner=0=Zähler

Faktorisieren:

Faktorisieren mit dem Faktor (x – Nullstelle) ergibt:

Zähler $=(x-0)(x^3-12x^2+x+3) = x \cdot (x^3-12x^2+x+3)$

Nenner $= (x-0) = x$

Somit haben wir:

$$\lim_{x\to 0} \frac{x^4-12x^3+x^2+3x}{x} = \lim_{x\to 0} \frac{x(x^3-12x^2+x+3)}{x}$$

Kürzen durch den Faktor x ergibt:

$$\lim_{x\to 0} \frac{x(x^3-12x^2+x+3)}{x} = \lim_{x\to 0}(x^3-12x^2+x+3)$$

Jetzt setzen wir für x den Wert $x_0 = 0$ ein:

$$\lim_{x\to 0}(x^3-12x^2+x+3) = 3$$

Tipp!

Die Bestimmung des Grenzwerts $\lim\limits_{x\to x_0} \frac{f(x)}{g(x)}$ einer rationalen Funktion anhand der Regel von de l'Hôpital ist möglich, wenn beim Einsetzen von x_0 sowohl im Zähler als auch im Nenner eine Null steht. Für die volle Punktzahl in Klausuren muss also zuerst gezeigt werden, dass gilt: $f(x_0) = 0 = g(x_0)$. Anschließend werden der Zähler und der Nenner einmal abgeleitet.

[1] Gilt beim Einsetzen von x_0 im abgeleiteten Nenner, dass der Wert ungleich null ist, also $g'(x_0) \neq 0$, so ergibt sich der Grenzwert wie folgt:

$$\lim_{x\to x_0} \frac{f(x)}{g(x)} = \lim_{x\to x_0} \frac{f'(x)}{g'(x)} = \frac{f'(x_0)}{g'(x_0)}$$

(vgl. Aufgabe 4.4 und Aufgabe 4.5)

[2] Gilt beim Einsetzen von x_0 im abgeleiteten Zähler und im abgeleiteten Nenner, dass beide Werte gleich null sind, also $f'(x_0) = 0$ und $g'(x_0) = 0$, so werden der Zähler und der Nenner ein zweites Mal abgeleitet. Ist dann $g''(x_0) \neq 0$, so ergibt sich der Grenzwert wie folgt:

$$\lim_{x\to x_0} \frac{f(x)}{g(x)} = \lim_{x\to x_0} \frac{f''(x)}{g''(x)} = \frac{f''(x_0)}{g''(x_0)}$$

(vgl. Aufgabe 4.6)

[3] Für den Fall, dass beide zweiten Ableitungen an der Stelle x_0 null betragen, also dass gilt: $f''(x_0) = 0 = g''(x_0)$, werden der Zähler und der Nenner ein drittes Mal abgeleitet usw.

4.4

$$\lim_{x \to 5} \frac{9x - 45}{3x^2 - 18x + 15} = ?$$

Durch Einsetzen von $x_0 = 5$ ergibt sich:

Zähler $= 9 \cdot 5 - 45 = 0$

Nenner $= 3 \cdot 25 - 18 \cdot 5 + 15 = 75 - 90 + 15 = 0$

Fazit: Nenner = 0 = Zähler

d. h. es ist die Voraussetzung für die Anwendung der Regel von de l'Hôpital erfüllt.

Formel-Navigator

Verwenden Sie hier Formel 2.

Ableitung des Zählers $= (9x - 45)' = 9$

Ableitung des Nenners $= (3x^2 - 18x + 15)' = 6x - 18$

Mit der Regel von de l'Hôpital ergibt sich:

$$\lim_{x \to 5} \frac{9x - 45}{3x^2 - 18x + 15} = \lim_{x \to 5} \frac{9}{6x - 18}$$

Jetzt setzen wir für x den Wert $x_0 = 5$ ein:

$$\lim_{x \to 5} \frac{9}{6x - 18} = \frac{9}{30 - 18} = \frac{9}{12} = \frac{3}{4} = 0{,}75$$

4.5

$$\lim_{x \to -3} \frac{-2x^2 - 2x + 12}{3x + 9} = ?$$

Durch Einsetzen von $x_0 = -3$ ergibt sich:

Zähler $= -2 \cdot 9 - 2 \cdot (-3) + 12 = -18 + 6 + 12 = 0$

Nenner $= 3 \cdot (-3) + 9 = -9 + 9 = 0$

Fazit: Nenner=0=Zähler

d. h. es ist die Voraussetzung für die Anwendung der Regel von de l'Hôpital erfüllt.

Formel-Navigator

Verwenden Sie hier Formel 2.

Ableitung des Zählers $= (-2x^2 - 2x + 12)' = -4x - 2$

Ableitung des Nenners = $(3x+9)' = 3$

Mit der Regel von de l'Hôpital ergibt sich:

$$\lim_{x \to -3} \frac{-2x^2 - 2x + 12}{3x + 9} = \lim_{x \to -3} \frac{-4x - 2}{3}$$

Jetzt setzen wir für x den Wert $x_0 = -3$ ein:

$$\lim_{x \to -3} \frac{-4x - 2}{3} = \lim_{x \to -3} \frac{-4 \cdot (-3) - 2}{3} = \frac{12 - 2}{3} = \frac{10}{3}$$

4.6

$$\lim_{x \to 0} \frac{x^5 - 12x^4 + x^3 + 3x^2}{x^2} = ?$$

Durch Einsetzen von $x_0 = 0$ ergibt sich:

Nenner=0=Zähler

d. h. es ist die Voraussetzung für die Anwendung der Regel von de l'Hôpital erfüllt.

Formel-Navigator

Verwenden Sie hier Formel 2.

Ableitung des Zählers = $(x^5 - 12x^4 + x^3 + 3x^2)' = 5x^4 - 48x^3 + 3x^2 + 6x$

Ableitung des Nenners = $(x^2)' = 2x$

Mit der Regel von de l'Hôpital ergibt sich:

$$\lim_{x \to 0} \frac{x^5 - 12x^4 + x^3 + 3x^2}{x^2} = \lim_{x \to 0} \frac{5x^4 - 48x^3 + 3x^2 + 6x}{2x}$$

Durch Einsetzen von $x_0 = 0$ ergibt sich:

Fazit: Nenner=0=Zähler

Jetzt wenden wir ein weiteres Mal die Regel von de l'Hôpital an.

Formel-Navigator

Verwenden Sie hier Formel 2.

Ableitung des Zählers = $(5x^4 - 48x^3 + 3x^2 + 6x)' = 20x^3 - 144x^2 + 6x + 6$

Ableitung des Nenners = $(2x)' = 2$

Mit der Regel von de l'Hôpital ergibt sich:

$$\lim_{x \to 0} \frac{5x^4 - 48x^3 + 3x^2 + 6x}{2x} = \lim_{x \to 0} \frac{20x^3 - 144x^2 + 6x + 6}{2}$$

Jetzt setzen wir für x den Wert $x_0 = 0$ ein:

$$\lim_{x \to 0} \frac{20x^3 - 144x^2 + 6x + 6}{2} = \frac{6}{2} = 3$$

Lösungen zu Kapitel 5: Differentiation von Funktionen einer Variablen

Lösungen

Tipp!

Die Kettenregel (Formel 11) gilt unter Studierenden als schwerste der fünf Ableitungsregeln (Formel 7 bis Formel 11). Solange nur Funktionen f von einer Variablen $x \in \mathbb{R}$ betrachtet werden, ist es hilfreich, beim Ableiten mit der Kettenregel die innere Funktion $i(x)$ und die äußere Funktion $a(y)$ aufzuschreiben. Ist z. B. die Ableitung der verknüpften Funktion $f(x) = e^{3x+7}$ gesucht, so ist wie folgt vorzugehen:

[1] Innere Funktion $i(x) = 3x + 7$ und $i'(x) = 3$ gemäß Formel 2.

[2] Äußere Funktion $a(y) = e^y$ und $a'(y) = e^y$ gemäß Formel 3.

[3] Gemäß Formel 11 wird dort, wo in der Ableitung $a'(y)$ die Variable y steht, die innere Funktion hingeschrieben. Anschließend wir noch mit der Ableitung $i'(x)$ multipliziert. Das ergibt: $f'(x) = e^{3x+7} \cdot 3 = 3e^{3x+7}$

5.1

[a] $(\ln(x^2 + 1))' = ?$

> **Formel-Navigator**
>
> Verwenden Sie hier Formel 11.

innere Funktion $i(x) = x^2 + 1$ und $i'(x) = 2x$ gemäß Formel 2

äußere Funktion $a(y) = \ln(y)$ und $a'(y) = \frac{1}{y}$ gemäß Formel 5

Kettenregel: $f'(x) = \frac{1}{x^2+1} \cdot 2x = \frac{2x}{x^2+1}$

[b] $\left(\sqrt[3]{x^4} + 5x^2\right)' = ?$

Um $\sqrt[3]{x^4}$ ableiten zu können, wird der Term umgeschrieben.

> **Formel-Navigator**
>
> Verwenden Sie hier Formel 26.

$\sqrt[3]{x^4} = x^{\frac{4}{3}}$

Formel-Navigator

Verwenden Sie hier Formel 2, Formel 7 und Formel 8.

$$f'(x) = \left(x^{4/3} + 5x^2\right)' = \frac{4}{3}x^{1/3} + 10x$$

Formel-Navigator

Verwenden Sie hier Formel 24.

$$f'(x) = \frac{4}{3}x^{1/3} + 10x = \frac{4}{3}\sqrt[3]{x} + 10x$$

[c] $\left(\frac{x}{\ln x}\right)' = ?$

Formel-Navigator

Verwenden Sie hier Formel 2, Formel 5 und Formel 10.

$$h'(x) = \frac{1 \cdot \ln(x) - x \cdot \frac{1}{x}}{(\ln x)^2} = \frac{\ln(x) - 1}{(\ln x)^2}$$

[d] $\left(\frac{1}{2} - y + \frac{y^2}{2} - 2\ln(y)\right)' = ?$

Formel-Navigator

Verwenden Sie hier Formel 1, Formel 2, Formel 5, Formel 7 und Formel 8.

$$f'(y) = 0 - 1 + \frac{2y}{2} - 2 \cdot \frac{1}{y} = -1 + y - \frac{2}{y}$$

[e] $(-20x + 320\sqrt{x} - 100)' = ?$

Formel-Navigator

Verwenden Sie hier Formel 23.

$$(-20x + 320\sqrt{x} - 100)' = (-20x + 320 \cdot x^{0,5} - 100)' = ?$$

Formel-Navigator

Verwenden Sie hier Formel 1, Formel 2, Formel 7 und Formel 8.

$$G'(x) = -20 + 320 \cdot 0{,}5 \cdot x^{-0,5} = -20 + 160 \cdot x^{-0,5}$$

Formel-Navigator

Verwenden Sie hier Formel 17 und Formel 23.

$$G'(x) = -20 + 160 \cdot \frac{1}{x^{0,5}} = -20 + \frac{160}{\sqrt{x}}$$

[f] $((x^3 + 1) \cdot e^x)' = ?$

Formel-Navigator

Verwenden Sie hier Formel 2, Formel 3, Formel 8 und Formel 9.

$$f'(x) = 3x^2 \cdot e^x + (x^3 + 1) \cdot e^x = 3x^2 \cdot e^x + x^3 \cdot e^x + e^x = (x^3 + 3x^2 + 1) \cdot e^x$$

[g] $\left(-10r_1 - \frac{500}{r_1} + 200\right)' = ?$

Formel-Navigator

Verwenden Sie hier Formel 17.

$$\left(-10r_1 - \frac{500}{r_1} + 200\right)' = (-10r_1 - 500r_1^{-1} + 200)' = ?$$

Formel-Navigator

Verwenden Sie hier Formel 1, Formel 2, Formel 7 und Formel 8.

$$G'(r_1) = -10 - 500 \cdot (-1) \cdot r_1^{-2}$$

Formel-Navigator

Verwenden Sie hier Formel 17.

$$G'(r_1) = -10 - 500 \cdot (-1) \cdot r_1^{-2} = -10 + \frac{500}{r_1^2}$$

[h] $(x^3 + \sqrt[4]{x})' = ?$

Formel-Navigator

Verwenden Sie hier Formel 25.

$$(x^3 + \sqrt[4]{x})' = \left(x^3 + x^{\frac{1}{4}}\right)' = ?$$

Formel-Navigator

Verwenden Sie hier Formel 2 und Formel 8.

$$f'(x) = 3x^2 + \frac{1}{4} \cdot x^{-\frac{3}{4}}$$

Formel-Navigator

Verwenden Sie hier Formel 17 und Formel 26.

$$f'(x) = 3x^2 + \frac{1}{4} \cdot \frac{1}{x^{\frac{3}{4}}} = 3x^2 + \frac{1}{4\sqrt[4]{x^3}}$$

[i] $\left(\frac{1}{2x} + \sqrt{x}\right)' = ?$

Formel-Navigator

Verwenden Sie hier Formel 23.

$$\left(\frac{1}{2x} + \sqrt{x}\right)' = \left(\frac{1}{2x} + x^{0,5}\right)' = ?$$

Formel-Navigator

Verwenden Sie hier Formel 17.

$$\left(\frac{1}{2x} + \sqrt{x}\right)' = \left(\frac{1}{2x} + x^{0,5}\right)' = \left(0{,}5x^{-1} + x^{0,5}\right)' = ?$$

Formel-Navigator

Verwenden Sie hier Formel 2, Formel 7 und Formel 8.

$$f'(x) = -0{,}5x^{-2} + 0{,}5x^{-0,5}$$

Formel-Navigator

Verwenden Sie hier Formel 17 und Formel 23.

$$f'(x) = -\frac{1}{2x^2} + \frac{1}{2\sqrt{x}}$$

[j] $\left(x \cdot \ln(x^2 + 1)\right)' = ?$

Formel-Navigator

Verwenden Sie hier Formel 2, Formel 5, Formel 9 und Formel 11.

$$g'(x) = 1 \cdot \ln(x^2+1) + x \cdot \frac{1}{x^2+1} \cdot 2x = \ln(x^2+1) + \frac{2x^2}{x^2+1}$$

(*Hinweis:* Eine ausführliche Lösung für die Anwendung der Kettenregel Formel 11 steht in der Aufgabe 5.1 [a].)

[k] $(2x \cdot \ln(x))' = ?$

Formel-Navigator

Verwenden Sie hier Formel 2, Formel 5, Formel 7 und Formel 9.

$$f'(x) = 2 \cdot \ln(x) + 2x \cdot \frac{1}{x} = 2\ln(x) + 2$$

[l] $\left(2x + 12 + \frac{56}{x}\right)' = ?$

Formel-Navigator

Verwenden Sie hier Formel 17.

$$\left(2x + 12 + \frac{56}{x}\right)' = (2x + 12 + 56x^{-1})' = ?$$

Formel-Navigator

Verwenden Sie hier Formel 1, Formel 2, Formel 7 und Formel 8.

$$k'(x) = 2 - 56x^{-2}$$

Formel-Navigator

Verwenden Sie hier Formel 17.

$$k'(x) = 2 - \frac{56}{x^2}$$

[m] $(3x^4 + 7x^3 - 3x^2 + \ln(x) + 10)' = ?$

Formel-Navigator

Verwenden Sie hier Formel 2, Formel 5, Formel 7 und Formel 8.

$$f'(x) = 12x^3 + 21x^2 - 6x + \frac{1}{x}$$

[n] $\left(e^x \cdot \sqrt{x}\right)' = ?$

Formel-Navigator

Verwenden Sie hier Formel 23.

$$\left(e^x \cdot \sqrt{x}\right)' = \left(e^x \cdot x^{0,5}\right)' = ?$$

Formel-Navigator

Verwenden Sie hier Formel 2, Formel 3 und Formel 9.

$$h'(x) = e^x \cdot x^{0,5} + e^x \cdot 0{,}5x^{-0,5}$$

Formel-Navigator

Verwenden Sie hier Formel 17.

$$h'(x) = e^x \cdot x^{0,5} + e^x \cdot 0{,}5x^{-0,5} = e^x \cdot x^{0,5} + 0{,}5 \cdot e^x \cdot \frac{1}{x^{0,5}}$$

Formel-Navigator

Verwenden Sie hier Formel 23.

$$h'(x) = e^x\sqrt{x} + \frac{e^x}{2\sqrt{x}}$$

[o] $\left(2x^2 + 2x - \ln(x)\right)' = ?$

Formel-Navigator

Verwenden Sie hier Formel 1, Formel 2, Formel 5, Formel 7 und Formel 8.

$$f'(x) = 4x + 2 - \frac{1}{x}$$

[p] $\left(\ln(x) \cdot (x^2 + 1)\right)' = ?$

Formel-Navigator

Verwenden Sie hier Formel 1, Formel 2, Formel 5, Formel 8 und Formel 9.

$$h'(x) = \frac{1}{x} \cdot (x^2 + 1) + \ln(x) \cdot 2x = x + \frac{1}{x} + 2x\ln(x)$$

5.2

[a] $\left(\dfrac{2x+5}{x^3}\right)' = ?$

Formel-Navigator

Verwenden Sie hier Formel 1, Formel 2, Formel 3, Formel 7 und Formel 10.

$$f'(x) = \frac{2x^3 - (2x+5)\cdot 3x^2}{x^6} = \frac{2x^3 - 6x^3 - 15x^2}{x^6} = \frac{-4x^3 - 15x^2}{x^6} = \frac{x^2(-4x-15)}{x^6}$$

Kürzen durch x^2 ergibt:

$$f'(x) = \frac{-4x - 15}{x^4}$$

d. h. [1] ist die richtige Antwort.

[b] $(x^2 \cdot e^x)' = ?$

Formel-Navigator

Verwenden Sie hier Formel 2, Formel 3 und Formel 9.

1. Lösungsweg:

$$f'(x) = 2x \cdot e^x + x^2 \cdot e^x = \left(\frac{2}{x} + 1\right) \cdot x^2 \cdot e^x = \frac{2+x}{x} \cdot x^2 \cdot e^x = \frac{2+x}{x} \cdot f(x)$$

2. Lösungsweg:

$$\frac{2+x}{x} \cdot f(x) = \frac{2+x}{x} \cdot x^2 \cdot e^x = (2+x) \cdot x \cdot e^x = 2xe^x + x^2e^x = f'(x)$$

5.3

[a] $(x^3 + 7x^2 - \ln(x))' = ?$

Formel-Navigator

Verwenden Sie hier Formel 5, Formel 7 und Formel 8.

$$f'(x) = 3x^2 + 14x - \frac{1}{x}$$

Um die Ableitung von $\frac{1}{x}$ mit Hilfe der Formel 2 zu bestimmen, muss der Term erst einmal umgeschrieben werden: $\frac{1}{x} = x^{-1}$ gemäß Formel 17.

Mit der Formel 2 ergibt sich dann: $(x^{-1})' = (-1) \cdot x^{-2} = -\frac{1}{x^2}$

Alternativ kann die Ableitung von $\frac{1}{x}$ auch mit der Quotientenregel Formel 10 wie folgt bestimmt werden:

$$\left(\frac{1}{x}\right)' = \frac{0 \cdot x - 1 \cdot 1}{x^2} = -\frac{1}{x^2}$$

Somit ergibt sich: $f''(x) = 6x + 14 - \left(-\frac{1}{x^2}\right) = 6x + 14 + \frac{1}{x^2}$

[b] $\left(50x - \frac{20}{x}\right)' =?$

Formel-Navigator

Verwenden Sie hier Formel 2, Formel 7, Formel 8 und Formel 17.

$$f'(x) = \left(50x - 20 \cdot x^{-1}\right)' = 50 + \frac{20}{x^2}$$

$$\left(50 + \frac{20}{x^2}\right)' =?$$

Formel-Navigator

Verwenden Sie hier Formel 1, Formel 2, Formel 7, Formel 8 und Formel 17.

$$f''(x) = \left(50 + 20 \cdot x^{-2}\right)' = -\frac{40}{x^3}$$

[c] $\left(\ln(x^3 \cdot e^x)\right)' =?$

Formel-Navigator

Verwenden Sie hier Formel 34 und Formel 36.

$$g(x) = \ln(x^3 \cdot e^x) = \ln(x^3) + \ln(e^x) = 3 \cdot \ln(x) + x \underbrace{\ln(e)}_{=1} = 3\ln(x) + x$$

$$(3\ln(x) + x)' =?$$

Formel-Navigator

Verwenden Sie hier Formel 2, Formel 5, Formel 7 und Formel 8.

$$g'(x) = \frac{3}{x} + 1$$

$$\left(\frac{3}{x} + 1\right)' =?$$

Formel-Navigator

Verwenden Sie hier Formel 1, Formel 7, Formel 8 und Formel 17.

$$g''(x) = \left(3 \cdot x^{-1} + 1\right)' = -\frac{3}{x^2}$$

[d] $\left(3x^2 - 30x + 450 + \dfrac{1\,152}{x}\right)' = ?$

Formel-Navigator

Verwenden Sie hier Formel 1, Formel 2, Formel 7, Formel 8 und Formel 17.

$$k'(x) = (3x^2 - 30x + 450 + 1\,152 \cdot x^{-1})' = 6x - 30 - \frac{1\,152}{x^2}$$

$$\left(6x - 30 - \frac{1\,152}{x^2}\right)' = ?$$

Formel-Navigator

Verwenden Sie hier Formel 1, Formel 2, Formel 7, Formel 8 und Formel 17.

$$k''(x) = (6x + 30 - 1\,152 \cdot x^{-2})' = 6 + \frac{2\,304}{x^3}$$

Das sollten Sie wissen!

Die Elastizität $\varepsilon_f(x)$ (Formel 12) einer Funktion f im Punkt x gibt an, um wie viel Prozent sich der Wert von $f(x)$ in etwa verändert, wenn das Argument x um ein Prozent erhöht wird.

5.4

[a] Rein rechnerisch ist für $p = -7$ der Nenner null. Jedoch kann ökonomisch betrachtet der Preis p pro ME nur Werte gleich oder größer null annehmen, sodass der Definitionsbereich von $x(p)$ das Intervall $[0; \infty)$ ist.

[b] $\varepsilon_x(8) = ?$

$$x(8) = \frac{75}{7+8} = \frac{75}{15} = 5$$

$x'(p) = ?$

Formel-Navigator

Verwenden Sie hier Formel 17.

$$x'(p) = \left(\frac{75}{7+p}\right)' = (75 \cdot (7+p)^{-1})' = ?$$

Formel-Navigator

Verwenden Sie hier Formel 1, Formel 2, Formel 8 und Formel 11.

innere Funktion $i(p) = 7 + p \Rightarrow i'(p) = (7 + p)' = 1$

äußere Funktion $a(p) = 75 \cdot p^{-1} \Rightarrow a'(p) = (75 \cdot p^{-1})' = -75 \cdot p^{-2}$

$$x'(p) = \left(\frac{75}{7+p}\right)' = (75 \cdot (7+p)^{-1})' = 75 \cdot (-1) \cdot (7+p)^{-2} \cdot 1 = -\frac{75}{(7+p)^2}$$

$$x'(8) = -\frac{75}{(7+8)^2} = -\frac{75}{225} = -\frac{1}{3}$$

Formel-Navigator

Verwenden Sie hier Formel 12.

$$\varepsilon_x(8) = -\frac{1}{3} \cdot \frac{8}{5} = -0{,}5\overline{3}$$

d. h. steigt der Preis von 8 GE um ein Prozent, so sinkt der Absatz um $0{,}5\overline{3}$ Prozent.

5.5

[a] $p \in ?$

x	p
18	0
0	30

d. h. $p \in [0; 30]$

[b] $\varepsilon_x(11) = ?$

$x(11) = 11{,}4$

$x'(p) = ?$

Formel-Navigator

Verwenden Sie hier Formel 1, Formel 2, Formel 7 und Formel 8.

$x'(p) = -0{,}6$

Formel-Navigator

Verwenden Sie hier Formel 12.

$$\varepsilon_x(11) = (-0{,}6) \cdot \frac{11}{11{,}4} = -0{,}57895\ldots$$

d. h. steigt der Preis von 11 GE um ein Prozent, so sinkt der Absatz um etwa 0,58 %.

5.6

[a] Rein rechnerisch ist für $p = -5$ der Nenner null. Jedoch kann ökonomisch betrachtet der Preis p pro ME nur Werte gleich oder größer null annehmen, sodass der Definitionsbereich von $x(p)$ das Intervall $[0; \infty)$ ist.

[b] $\varepsilon_x(5) = ?$

$$x(5) = \frac{100}{5+5} = 10$$

$x'(p) = ?$

Formel-Navigator

Verwenden Sie hier Formel 17.

$$x'(p) = \left(100 \cdot (5+p)^{-1}\right)'$$

Formel-Navigator

Verwenden Sie hier Formel 1, Formel 2, Formel 8 und Formel 11.

innere Funktion $i(p) = 5 + p \Rightarrow i'(p) = (5+p)' = 1$

äußere Funktion $a(p) = 100 \cdot p^{-1} \Rightarrow a'(p) = (100 \cdot p^{-1})' = -100 \cdot p^{-2}$

$$x'(p) = \left(100 \cdot (5+p)^{-1}\right)' = 100 \cdot (-1) \cdot (5+p)^{-2} = -\frac{100}{(5+p)^2}$$

$$x'(5) = -\frac{100}{10^2} = -1$$

Formel-Navigator

Verwenden Sie hier Formel 12.

$$\varepsilon_x(5) = (-1) \cdot \frac{5}{10} = -0{,}5$$

d. h. steigt der Preis von 5 GE um ein Prozent, so sinkt der Absatz um etwa 0,5 %.

Das sollten Sie wissen!

Eigenschaft	Überprüfung
f monoton steigend in $[a; b]$	$f'(x) \geq 0$ für alle $x \in (a; b)$
f monoton fallend in $[a; b]$	$f'(x) \leq 0$ für alle $x \in (a; b)$

5.7

$p'(x) = ?$

Formel-Navigator

Verwenden Sie hier Formel 2, Formel 7 und Formel 8.

$p'(x) = 2x - 28 < 0$ für alle $x \in [0; 9]$

d. h. $p(x)$ ist monoton fallend.

Das sollten Sie wissen!

Grenzanalyse:

- Die Grenzkosten $K'(x_0)$ einer Kostenfunktion an der Stelle x_0 geben an, um wie viele GE sich die Kosten (in etwa) verändern, wenn statt x_0 ME jetzt $x_0 + 1$ ME hergestellt werden.
- Der Grenzerlös $U'(x_0)$ einer Umsatzfunktion an der Stelle x_0 gibt an, um wie viele GE sich der Umsatz (in etwa) verändert, wenn statt x_0 ME jetzt $x_0 + 1$ ME produziert und abgesetzt werden.
- Die Grenzproduktivität $x'(r_0)$ gibt an, um wie viele Einheiten sich die Ausbringungsmenge (in etwa) verändert, wenn statt r_0 Einheiten jetzt $r_0 + 1$ Einheiten des Produktionsfaktors in den Produktionsprozess gesteckt werden.

5.8

[1] $K'(x) = ?$

Formel-Navigator

Verwenden Sie hier Formel 2, Formel 7 und Formel 8.

$K'(x) = 12x^2 - 96x + 320$

$K'(4) = 128$

d. h. werden statt 4 ME jetzt 5 ME hergestellt, so steigen die Kosten um etwa 128 000 Euro.

[2] $k_v(x) = \dfrac{K_v(x)}{x} = 4x^2 - 48x + 320 \; ; x > 0$

5.9
$K'(x) = ?$

Formel-Navigator
Verwenden Sie hier Formel 2, Formel 7 und Formel 8.

$K'(x) = 6x^2 - 36x + 250$

[1] $K(6) = 1\,384$ und $K'(6) = 250$

[2] Werden statt 6 ME jetzt 7 ME hergestellt, so steigen die Kosten um etwa 250 GE.

Lösungen zu Kapitel 6: Kurvendiskussion von $f(x)$

Tipp!

Zur Unterscheidung, ob eine lokale oder globale Extremstelle vorliegt, soll das folgende Entscheidungsdiagramm helfen:

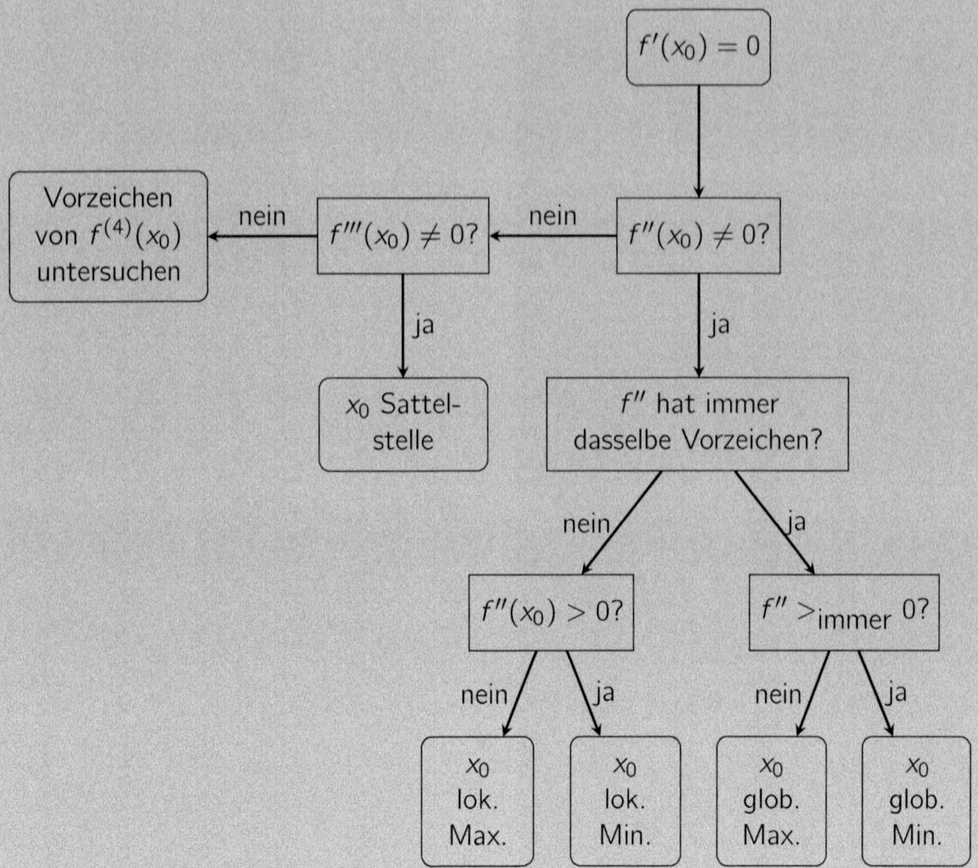

Das sollten Sie wissen!

Es liegt eine Wendestelle von f in x_0 vor, wenn gilt:

- $f''(x_0) = 0$ und
- $f'''(x_0) \neq 0$

6.1

Graf der Funktion $f(x) = 2x^2 + 2x - \ln(x)$; $x > 0$

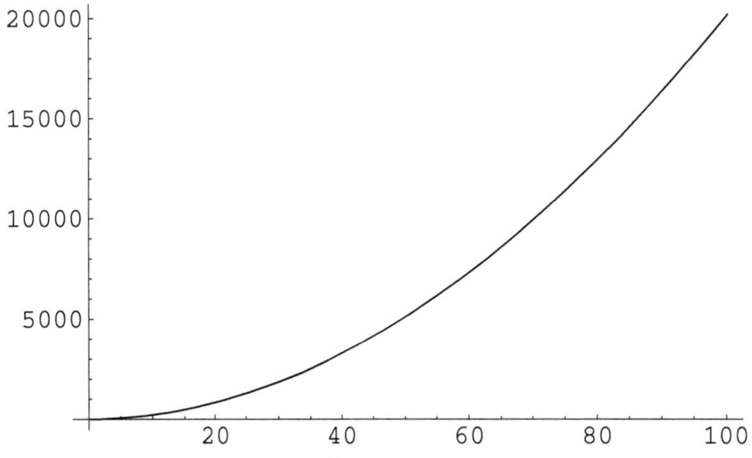

$$f'(x) = \left(2x^2 + 2x - \ln(x)\right)' = ?$$

Formel-Navigator

Verwenden Sie hier Formel 2, Formel 5, Formel 7 und Formel 8.

$$f'(x) = 4x + 2 - \frac{1}{x}$$

$$f''(x) = \left(4x + 2 - \frac{1}{x}\right)' = ?$$

Formel-Navigator

Verwenden Sie hier Formel 17.

$$f''(x) = \left(4x + 2 - \frac{1}{x}\right)' = \left(4x + 2 - x^{-1}\right)' = ?$$

Formel-Navigator

Verwenden Sie hier Formel 1, Formel 2, Formel 7 und Formel 8.

$$f''(x) = \left(4x + 2 - x^{-1}\right)' = 4 - (-1) \cdot x^{-2} = 4 + x^{-2}$$

Formel-Navigator

Verwenden Sie hier Formel 17.

$$f''(x) = 4 + x^{-2} = 4 + \frac{1}{x^2}$$

$$f'''(x) = \left(4 + \frac{1}{x^2}\right)' = ?$$

Die dritte Ableitung kann ohne (siehe 1. Lösungsweg) oder mit (siehe 2. Lösungsweg) der Quotientenregel Formel 10 bestimmt werden.

1. Lösungsweg:

Formel-Navigator

Verwenden Sie hier Formel 17.

$$f'''(x) = \left(4 + \frac{1}{x^2}\right)' = (4 + x^{-2})' = ?$$

Formel-Navigator

Verwenden Sie hier Formel 1, Formel 2 und Formel 8.

$$f'''(x) = (4 + x^{-2})' = -2x^{-3}$$

Formel-Navigator

Verwenden Sie hier Formel 17.

$$f'''(x) = -2x^{-3} = -\frac{2}{x^3}$$

2. Lösungsweg:

Formel-Navigator

Verwenden Sie hier Formel 10.

$$f'''(x) = \left(4 + \frac{1}{x^2}\right)' = 0 + \frac{0 \cdot x^2 - 1 \cdot 2x}{x^4} = -\frac{2x}{x^4} = -\frac{2}{x^3}$$

Um Wendestellen zu finden, werden Nullstellen der zweiten Ableitung gesucht:

$$0 = f''(x) = 4 + \frac{1}{x^2}$$

Die Gleichung wird mit x^2 multipliziert:

$$0 = 4x^2 + 1$$

Auf beiden Seiten der Gleichung wird die Zahl Eins subtrahiert:

$$4x^2 = -1$$

Die Gleichung wird durch 4 geteilt:

$$x^2 = -\frac{1}{4} \;\lightning$$

Das ist ein Widerspruch; d. h. $f''(x)$ hat keine Nullstellen. Also besitzt $f(x)$ keine Wendestellen.

6.2
Zunächst wird im Zähler x^2 ausgeklammert. Anschließend wird der Bruch durch x^2 gekürzt:

$$f(x) = \frac{x^5 - 12x^4 + x^3 + 3x^2}{x^2} = \frac{x^2(x^3 - 12x^2 + x + 3)}{x^2} = x^3 - 12x^2 + x + 3$$

$$f'(x) = \left(x^3 - 12x^2 + x + 3\right)' = ?$$

Formel-Navigator

Verwenden Sie hier Formel 1, Formel 2, Formel 7 und Formel 8.

$$f'(x) = 3x^2 - 24x + 1$$

$$f''(x) = \left(3x^2 - 24x + 1\right)' = ?$$

Formel-Navigator

Verwenden Sie hier Formel 1, Formel 2, Formel 7 und Formel 8.

$$f''(x) = 6x - 24$$

$$f'''(x) = (6x - 24)' = ?$$

Formel-Navigator

Verwenden Sie hier Formel 1, Formel 2, Formel 7 und Formel 8.

$$f'''(x) = 6$$

Die Wendestelle wird in den folgenden zwei Schritten bestimmt:

[1] $0 = f''(x) = 6x - 24 \Leftrightarrow x = 4$

[2] $f'''(4) = 6 \neq 0$

d. h. $x = 4$ ist eine Wendestelle.

6.3
$$f'(x) = \left((x-7)^3\right)' = ?$$

Formel-Navigator

Verwenden Sie hier Formel 11.

innere Funktion $i(x) = x - 7$ und $i'(x) = 1$

äußere Funktion $a(y) = y^3$ und $a'(y) = 3y^2$

$$f'(x) = 3 \cdot (x-7)^2 \cdot 1 = 3(x-7)^2$$

$$f''(x) = \left(3(x-7)^2\right)' = ?$$

Formel-Navigator

Verwenden Sie hier Formel 11.

innere Funktion $i(x) = x - 7$ und $i'(x) = 1$

äußere Funktion $a(y) = 3y^2$ und $a'(y) = 6y$

$f''(x) = 6 \cdot (x - 7) \cdot 1 = 6(x - 7)$

$f'''(x) = (6(x - 7))' = ?$

Formel-Navigator

Verwenden Sie hier Formel 1, Formel 2, Formel 7 und Formel 8.

$f'''(x) = (6(x - 7))' = (6x - 42)' = 6$

Die Sattelstelle wird in den folgenden drei Schritten bestimmt:

[1] $0 = f''(x) = 6(x - 7) \Leftrightarrow x = 7$

[2] $f'''(7) = 6 \neq 0$

[3] $f'(7) = 3(7 - 7)^2 = 0$

d. h. $x = 7$ ist eine Sattelstelle.

6.4

variable Stückkosten:

$$k_v(x) = \frac{4x^3 - 48x^2 + 320x}{x} = 4x^2 - 48x + 320 \;; x > 0$$

[1] $k_v'(x) = \left(4x^2 - 48x + 320\right)' = ?$

Formel-Navigator

Verwenden Sie hier Formel 1, Formel 2, Formel 7 und Formel 8.

$k_v'(x) = 8x - 48$

$k_v''(x) = (8x - 48)' = ?$

Formel-Navigator

Verwenden Sie hier Formel 1, Formel 2, Formel 7 und Formel 8.

$k_v''(x) = 8$

Notwendige Bedingung:

$0 = k_v'(x) = 8x - 48 \Leftrightarrow x = 6$

Hinreichende Bedingung:

$k_v''(x) = 8 >_{\text{immer}} 0$

d. h. $k_v(x)$ hat in $x = 6$ ein globales Minimum.

[2] $K'(x) = \left(4x^3 - 48x^2 + 320x + 1\,292\right)' = ?$

Formel-Navigator

Verwenden Sie hier Formel 1, Formel 2, Formel 7 und Formel 8.

$K'(x) = 12x^2 - 96x + 320$

$K'(6) = 12 \cdot 36 - 96 \cdot 6 + 320 = 176$

$k_v(6) = 4 \cdot 36 - 48 \cdot 6 + 320 = 176$

Somit sind die Grenzkosten und die variablen Stückkosten an der Betriebsminimum-Stelle gleich groß.

6.5

Vor dem Ableiten wird der Term $\sqrt{6x}$ umgeschrieben.

Formel-Navigator

Verwenden Sie hier Formel 29 mit $n = 2$ und $r = 1$.

$\sqrt{6x} = \sqrt{6} \cdot \sqrt{x}$

Gemäß der Formel 25 gilt:

$\sqrt{6} \cdot \sqrt{x} = \sqrt{6} \cdot x^{0,5}$

$P'(x) = \left(2 \cdot \sqrt{6} \cdot x^{0,5} - x + 94\right)' = ?$

Formel-Navigator

Verwenden Sie hier Formel 1, Formel 2, Formel 7 und Formel 8.

$P'(x) = 2 \cdot \sqrt{6} \cdot 0,5 \cdot x^{-0,5} - 1 = \sqrt{6} \cdot x^{-0,5} - 1$

Formel-Navigator

Verwenden Sie hier Formel 17 und Formel 23.

$$P'(x) = \sqrt{6} \cdot x^{-0,5} - 1 = \sqrt{6} \cdot \frac{1}{\sqrt{x}} - 1$$

$$P''(x) = \left(\sqrt{6} \cdot \frac{1}{\sqrt{x}} - 1\right)' = ?$$

Formel-Navigator

Verwenden Sie hier Formel 17 und Formel 23.

$$P''(x) = \left(\sqrt{6} \cdot \frac{1}{\sqrt{x}} - 1\right)' = \left(\sqrt{6} \cdot x^{-0,5} - 1\right)' = ?$$

Formel-Navigator

Verwenden Sie hier Formel 1, Formel 2, Formel 7 und Formel 8.

$$P''(x) = \left(\sqrt{6} \cdot x^{-0,5} - 1\right)' = \sqrt{6} \cdot (-0{,}5) \cdot x^{-1,5}$$

Formel-Navigator

Verwenden Sie hier Formel 17, Formel 23 und Formel 29.

$$P''(x) = \sqrt{6} \cdot (-0{,}5) \cdot x^{-1,5} = -\frac{\sqrt{6}}{2} \cdot \frac{1}{x^{1,5}} = -\sqrt{\frac{6}{4}} \cdot \frac{1}{\sqrt{x^3}} = -\frac{\sqrt{1{,}5}}{\sqrt{x^3}}$$

Notwendige Bedingung:

$$0 = P'(x) = \sqrt{6} \cdot \frac{1}{\sqrt{x}} - 1$$

Die Multiplikation mit $\sqrt{x}$ ergibt:

$$0 = \sqrt{6} - \sqrt{x} \Leftrightarrow \sqrt{x} = \sqrt{6} \Leftrightarrow x = 6$$

Hinreichende Bedingung:

$$P''(x) = -\frac{\sqrt{1{,}5}}{\sqrt{x^3}} <_{\text{immer}} 0 \;;\; \text{für } x \in (0; 24)$$

d. h. $x = 6$ globale Maximalstelle

$$P(6) = 2 \cdot \sqrt{36} - 6 + 94 = 18 - 6 + 94 = 100$$

d. h. der Student würde mit einem Einsatz von sechs Stunden pro Tag 100 Punkte in der Klausur erzielen.

6.6

[1] $x \in ?$

x	p
0	1 200
120	0

d. h. der Definitionsbereich von $p(x)$ ist das Intervall [0;120].

[2] $U(x) = x \cdot p(x) = 1\,200x - 10x^2 \;; x \in [0; 120]$

$$G(x) = U(x) - K(x) = -\frac{1}{3}x^3 + 30x^2 - 500x - 666\frac{2}{3} \;; x \in [0; 120]$$

Der Definitionsbereich von $K(x)$ ist das Intervall $[0; \infty)$.

Der Definitionsbereich von $U(x)$ ist das Intervall [0;120].

Der Definitionsbereich von $G(x)$ ist der Durchschnitt $[0; \infty) \cap [0; 120] = [0; 120]$.

[3] $G'(x) = \left(-\frac{1}{3}x^3 + 30x^2 - 500x - 666\frac{2}{3}\right)' = ?$

Formel-Navigator

Verwenden Sie hier Formel 1, Formel 2, Formel 7 und Formel 8.

$G'(x) = -x^2 + 60x - 500$

$G''(x) = (-x^2 + 60x - 500)' = ?$

Formel-Navigator

Verwenden Sie hier Formel 1, Formel 2, Formel 7 und Formel 8.

$G''(x) = -2x + 60$

Notwendige Bedingung:

$0 = G'(x) = -x^2 + 60x - 500 \mid \cdot(-1)$

$0 = x^2 - 60x + 500$

Formel-Navigator

Verwenden Sie hier Formel 15.

$x = 30 \pm \sqrt{900 - 500} = 30 \pm 20 \Leftrightarrow x = 50$ oder $x = 10$

Hinreichende Bedingung:

$G''(x) = -2x + 60$ kann sowohl positiv als auch negativ sein

$G''(10) = 40 > 0$; d. h. $x = 10$ lok. Minimalstelle

$G''(50) = -40 < 0$; d. h. $x = 50$ lok. Maximalstelle

Graf der Funktion $G(x) = -\frac{1}{3}x^3 + 30x^2 - 500x - 666\frac{2}{3}$; $x \in [0; 120]$

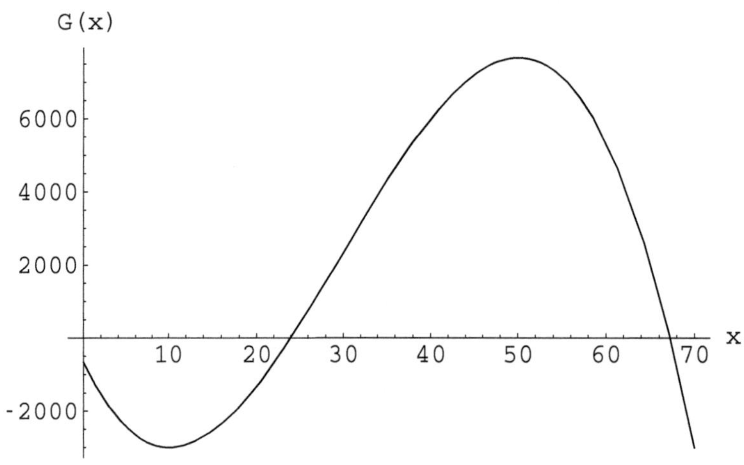

Aus der Grafik ist ersichtlich, dass die Stelle $x = 50$ sogar eine globale Maximalstelle ist.

$G(50) = 7\,666{,}67$; d. h. der maximale Gewinn beträgt 7 666,67 GE.

Lösungen zu Kapitel 7: Differentiation von Funktionen mehrerer Variablen

Das sollten Sie wissen!

Der Wert einer gemischten partiellen Ableitung ist für gegebene Werte x und y von der Reihenfolge, in der die gemischte Ableitung gebildet wird, unabhängig, wenn die gemischte Ableitung in dem betrachteten Punkt stetig ist:

$$f_{x,y}(x, y) = f_{yx}(x, y)$$

Tipp!

Die Kettenregel (Formel 11) gilt unter Studierenden als schwerste der fünf Ableitungsregeln (Formel 7 bis Formel 11). Werden Funktionen f von zwei Variablen $x, y \in \mathbb{R}$ betrachtet, so ist es hilfreich, beim partiellen Ableiten mit der Kettenregel die innere Funktion $i(x, y)$ und die äußere Funktion $a(t)$ aufzuschreiben, wobei die äußere Funktion eine Funktion von $\mathbb{R}$ nach $\mathbb{R}$ ist, also $t \in \mathbb{R}$. Ist z. B. die partielle Ableitung $f_x(x, y)$ der verknüpften Funktion $f(x, y) = e^{3x-7y}$ gesucht, so ist wie folgt vorzugehen:

[1] Innere Funktion $i(x, y) = 3x - 7y$ und $i_x(x, y) = 3$ gemäß Formel 2.

[2] Äußere Funktion $a(t) = e^t$ und $a'(t) = e^t$ gemäß Formel 3.

[3] Gemäß Formel 11 wird dort, wo in der Ableitung $a'(t)$ die Variable t steht, die innere Funktion hingeschrieben. Anschließend wir noch mit der Ableitung $i_x(x, y)$ multipliziert. Das ergibt: $f_x(x, y) = e^{3x-7y} \cdot 3 = 3e^{3x-7y}$

7.1

[a] $f_x(x, y) = ?$

Formel-Navigator

Verwenden Sie hier Formel 11.

innere Funktion $i(x, y) = 7x - 5y$ und $i_x(x, y) = 7$

äußere Funktion $a(t) = t^3$ und $a'(t) = 3t^2$

$f_x(x, y) = 3(7x - 5y)^2 \cdot 7 = 21(7x - 5y)^2$

$f_y(x, y) = ?$

Formel-Navigator

Verwenden Sie hier Formel 11.

innere Funktion $i(x, y) = 7x - 5y$ und $i_y(x, y) = -5$

äußere Funktion $a(t) = t^3$ und $a'(t) = 3t^2$

$f_y(x, y) = 3(7x - 5y)^2 \cdot (-5) = -15(7x - 5y)^2$

$f_{xx}(x, y) = ?$

Formel-Navigator

Verwenden Sie hier Formel 11.

innere Funktion $i(x, y) = 7x - 5y$ und $i_x(x, y) = 7$

äußere Funktion $a(t) = 21t^2$ und $a'(t) = 42t$

$f_{xx}(x, y) = 42(7x - 5y) \cdot 7 = 294(7x - 5y)$

$f_{yy}(x, y) = ?$

Formel-Navigator

Verwenden Sie hier Formel 11.

innere Funktion $i(x, y) = 7x - 5y$ und $i_y(x, y) = -5$

äußere Funktion $a(t) = -15t^2$ und $a'(t) = -30t$

$f_{yy}(x, y) = -30(7x - 5y) \cdot (-5) = 150(7x - 5y)$

$f_{xy}(x, y) = ?$

Formel-Navigator

Verwenden Sie hier Formel 11.

1. Lösungsweg:

partielle Ableitung von $f_x(x, y)$ in Richtung der y-Achse

innere Funktion $i(x, y) = 7x - 5y$ und $i_y(x, y) = -5$

äußere Funktion $a(t) = 21t^2$ und $a'(t) = 42t$

$f_{xy}(x, y) = 42(7x - 5y) \cdot (-5) = -210(7x - 5y)$

2. Lösungsweg:

partielle Ableitung von $f_y(x, y)$ in Richtung der x-Achse

innere Funktion $i(x, y) = 7x - 5y$ und $i_x(x, y) = 7$

äußere Funktion $a(t) = -15t^2$ und $a'(t) = -30t$

$f_{yx}(x, y) = -30(7x - 5y) \cdot 7 = -210(7x - 5y)$

[b] partielle Ableitungen erster und zweiter Ordnung=?

Formel-Navigator

Verwenden Sie hier Formel 8.

$f_x(x, y, z) = 2x + 2y + 2$

$f_y(x, y, z) = 2x + 4y - 2a$

$f_z(x, y, z) = 3z^2 - 27$

$f_{xx}(x, y, z) = 2$

$f_{yy}(x, y, z) = 4$

$f_{zz}(x, y, z) = 6z$

$f_{xy}(x, y, z) = 2$

$f_{xz}(x, y, z) = 0$

$f_{yz}(x, y, z) = 0$

[c] partielle Ableitungen erster und zweiter Ordnung=?

Formel-Navigator

Verwenden Sie hier Formel 8.

$f_{x_1}(x_1, x_2, x_3) = -2x_1 - x_2$

$f_{x_2}(x_1, x_2, x_3) = -2x_2 - x_1 + x_3$

$f_{x_3}(x_1, x_2, x_3) = -2ax_3 + x_2$

$f_{x_1x_1}(x_1, x_2, x_3) = -2$

$f_{x_2x_2}(x_1, x_2, x_3) = -2$

$f_{x_3x_3}(x_1, x_2, x_3) = -2a$

$f_{x_1x_2}(x_1, x_2, x_3) = -1$

$f_{x_1x_3}(x_1, x_2, x_3) = 0$

$f_{x_2x_3}(x_1, x_2, x_3) = 1$

7.2

[a] $f_x(x, y) = ?$

Formel-Navigator

Verwenden Sie hier Formel 8.

$f_x(x, y) = e^x + 4xy$

$f_y(x, y) = ?$

Formel-Navigator

Verwenden Sie hier Formel 11.

Zunächst wird die verknüpfte Funktion $a(i(x,y)) = \ln(y^2+1)$ mit der Kettenregel abgeleitet:

innere Funktion $i(x,y) = y^2 + 1$ und $i_y(x,y) = 2y$

äußere Funktion $a(t) = \ln(t)$ und $a'(t) = \frac{1}{t}$ mit Formel 5

Somit beträgt die partielle Ableitung von $\ln(y^2+1)$ in Richtung der y-Achse:

$$\frac{1}{y^2+1} \cdot 2y = \frac{2y}{y^2+1}$$

Daraus ergibt sich:

$$f_y(x,y) = \frac{2y}{y^2+1} + 2x^2$$

$f_{xx}(x,y) = ?$

Formel-Navigator

Verwenden Sie hier Formel 8.

$f_{xx}(x,y) = e^x + 4y$

$f_{yy}(x,y) = ?$

Formel-Navigator

Verwenden Sie hier Formel 10.

$$f_{yy}(x,y) = \frac{2(y^2+1) - 2y \cdot 2y}{(y^2+1)^2} = \frac{2y^2 + 2 - 4y^2}{(y^2+1)^2} = \frac{2 - 2y^2}{(y^2+1)^2} = 2 \cdot \frac{1-y^2}{(y^2+1)^2}$$

$f_{xy}(x,y) = ?$

Formel-Navigator

Verwenden Sie hier Formel 8.

$f_{xy}(x,y) = 4x$

[b] $f_x(x, y, z) = ?$

Formel-Navigator

Verwenden Sie hier Formel 11.

innere Funktion $i(x, y, z) = z - x$ und $i_x(x, y, z) = -1$
äußere Funktion $a(t) = t^3$ und $a'(t) = 3t^2$
$f_x(x, y, z) = 8x - 2y + 3(z - x)^2 \cdot (-1) = 8x - 2y - 3(z - x)^2$
$f_y(x, y, z) = ?$

Formel-Navigator

Verwenden Sie hier Formel 8.

$f_y(x, y, z) = -2x + 5$
$f_z(x, y, z) = ?$

Formel-Navigator

Verwenden Sie hier Formel 11.

innere Funktion $i(x, y, z) = z - x$ und $i_z(x, y, z) = 1$
äußere Funktion $a(t) = t^3$ und $a'(t) = 3t^2$
$f_z(x, y, z) = 3(z - x)^2 \cdot 1 = 3(z - x)^2$
$f_{xx}(x, y, z) = ?$

Formel-Navigator

Verwenden Sie hier Formel 11.

innere Funktion $i(x, y, z) = z - x$ und $i_x(x, y, z) = -1$
äußere Funktion $a(t) = 3t^2$ und $a'(t) = 6t$
$f_{xx}(x, y, z) = 8 - 6(z - x) \cdot (-1) = 8 + 6(z - x)$
$f_{yy}(x, y, z) = ?$

Formel-Navigator

Verwenden Sie hier Formel 1.

$f_{yy}(x, y, z) = 0$
$f_{zz}(x, y, z) = ?$

Formel-Navigator

Verwenden Sie hier Formel 11.

innere Funktion $i(x, y, z) = z - x$ und $i_z(x, y, z) = 1$

äußere Funktion $a(t) = 3t^2$ und $a'(t) = 6t$

$f_{zz}(x, y, z) = 6(z - x) \cdot 1 = 6(z - x)$

$f_{xy}(x, y, z) = ?$

Formel-Navigator

Verwenden Sie hier Formel 8.

$f_{xy}(x, y, z) = -2$

$f_{xz}(x, y, z) = ?$

Formel-Navigator

Verwenden Sie hier Formel 11.

innere Funktion $i(x, y, z) = z - x$ und $i_z(x, y, z) = 1$

äußere Funktion $a(t) = -3t^2$ und $a'(t) = -6t$

$f_{xz}(x, y, z) = -6(z - x) \cdot 1 = -6(z - x)$

$f_{yz}(x, y, z) = ?$

Formel-Navigator

Verwenden Sie hier Formel 1.

$f_{yz}(x, y, z) = 0$

[c] $h_x(x, y) = ?$

Formel-Navigator

Verwenden Sie hier Formel 11.

innere Funktion $i(x, y) = 0{,}4x - 2y$ und $i_x(x, y) = 0{,}4$

äußere Funktion $a(t) = e^t$ und $a'(t) = e^t$ mit Formel 3

$h_x(x, y) = 2e^{0{,}4x-2y} \cdot 0{,}4 = 0{,}8e^{0{,}4x-2y}$

$h_y(x, y) = ?$

Formel-Navigator

Verwenden Sie hier Formel 11.

innere Funktion $i(x, y) = 0{,}4x - 2y$ und $i_y(x, y) = -2$
äußere Funktion $a(t) = e^t$ und $a'(t) = e^t$ mit Formel 3
$h_y(x, y) = 2e^{0,x-2y} \cdot (-2) = -4e^{0,4x-2y}$
$h_{xx}(x, y) = ?$

Formel-Navigator

Verwenden Sie hier Formel 11.

innere Funktion $i(x, y) = 0{,}4x - 2y$ und $i_x(x, y) = 0{,}4$
äußere Funktion $a(t) = e^t$ und $a'(t) = e^t$ mit Formel 3
$h_{xx}(x, y) = 0{,}8e^{0,4x-2y} \cdot 0{,}4 = 0{,}32e^{0,4x-2y}$
$h_{yy}(x, y) = ?$

Formel-Navigator

Verwenden Sie hier Formel 11.

innere Funktion $i(x, y) = 0{,}4x - 2y$ und $i_y(x, y) = -2$
äußere Funktion $a(t) = e^t$ und $a'(t) = e^t$ mit Formel 3
$h_{yy}(x, y) = -4e^{0,4x-2y} \cdot (-2) = 8e^{0,4x-2y}$
$h_{xy}(x, y) = ?$

Formel-Navigator

Verwenden Sie hier Formel 11.

innere Funktion $i(x, y) = 0{,}4x - 2y$ und $i_y(x, y) = -2$
äußere Funktion $a(t) = 0{,}8e^t$ und $a'(t) = 0{,}8e^t$ mit Formel 3
$h_{xy}(x, y) = 0{,}8e^{0,4x-2y} \cdot (-2) = -1{,}6e^{0,4x-2y}$

7.3

[a] $f_x(x, y) = ?$

Formel-Navigator

Verwenden Sie hier Formel 11.

innere Funktion $i(x, y) = x^4 + 1$ und $i_x(x, y) = 4x^3$

äußere Funktion $a(t) = \ln(t)$ und $a'(t) = \frac{1}{t}$ mit Formel 5

Somit beträgt die partielle Ableitung von $\ln(x^4 + 1)$ in Richtung der x-Achse:

$$\frac{1}{x^4+1} \cdot 4x^3 = \frac{4x^3}{x^4+1}$$

Daraus ergibt sich:

$$f_x(x, y) = y^4 + \frac{4x^3}{x^4+1} + \frac{1}{y}$$

$f_y(x, y) = ?$

Formel-Navigator

Verwenden Sie hier Formel 10.

$$f_y(x, y) = x \cdot 4y^3 + \frac{0 \cdot y - x \cdot 1}{y^2} = 4xy^3 - \frac{x}{y^2}$$

[b] $f_x(x, y, z) = ?$

Formel-Navigator

Verwenden Sie hier Formel 8.

$f_x(x, y, z) = 2x - y + 1$

$f_y(x, y, z) = ?$

Formel-Navigator

Verwenden Sie hier Formel 8.

$f_y(x, y, z) = -x + y - 4$

$f_z(x, y, z) = ?$

Formel-Navigator

Verwenden Sie hier Formel 11.

innere Funktion $i(x, y, z) = z^2 + 1$ und $i_z(x, y, z) = 2z$

äußere Funktion $a(t) = \ln(t)$ und $a'(t) = \frac{1}{t}$ mit Formel 5

Somit beträgt die partielle Ableitung von $\ln(z^2 + 1)$ in Richtung der z-Achse:

$$f_z(x, y, z) = \frac{1}{z^2 + 1} \cdot 2z = \frac{2z}{z^2 + 1}$$

7.4

[a] partielle Ableitungen erster und zweiter Ordnung=?

> **Formel-Navigator**
>
> Verwenden Sie hier Formel 8.

$f_x(x, y) = 20x + 2y$

$f_y(x, y) = -15y^2 + 2x$

$f_{xx}(x, y) = 20$

$f_{yy}(x, y) = -30y$

$f_{xy}(x, y) = 2$

[b] partielle Ableitungen erster und zweiter Ordnung=?

> **Formel-Navigator**
>
> Verwenden Sie hier Formel 8.

$f_x(x, y) = 2xy + 4$

$f_y(x, y) = x^2 - 4$

$f_{xx}(x, y) = 2y$

$f_{yy}(x, y) = 0$

$f_{xy}(x, y) = 2x$

[c] partielle Ableitungen erster und zweiter Ordnung=?

> **Formel-Navigator**
>
> Verwenden Sie hier Formel 8.

$f_x(x, y) = x^2 - 3x + 2$

$f_y(x, y) = y - 4$

$f_{xx}(x, y) = 2x - 3$

$f_{yy}(x, y) = 1$

$f_{xy}(x, y) = 0$

[d] partielle Ableitungen erster und zweiter Ordnung=?

> **Formel-Navigator**
>
> Verwenden Sie hier Formel 8.

$$f_x(x,y) = x^2 + 4x$$
$$f_y(x,y) = -4 + y^2$$
$$f_{xx}(x,y) = 2x + 4$$
$$f_{yy}(x,y) = 2y$$
$$f_{xy}(x,y) = 0$$

7.5

$\varepsilon_{K,x}(x;y) = ?$

> **Formel-Navigator**
>
> Verwenden Sie hier Formel 2 und Formel 13.

$K_x(x;y) = 2$

$\varepsilon_{K,x}(x;y) = K_x(x;y) \cdot \dfrac{x}{K(x;y)} = 2 \cdot \dfrac{x}{2x + 4y + 10}$

$\varepsilon_{K,y}(x;y) = ?$

> **Formel-Navigator**
>
> Verwenden Sie hier Formel 2 und Formel 14.

$K_y(x;y) = 4$

$\varepsilon_{K,y}(x;y) = K_y(x;y) \cdot \dfrac{y}{K(x;y)} = 4 \cdot \dfrac{y}{2x + 4y + 10}$

Wenn beide partiellen Elastizitäten gleich groß sein sollen, muss gelten:

$2 \cdot \dfrac{x}{2x + 4y + 10} = 4 \cdot \dfrac{y}{2x + 4y + 10}$

Die Multiplikation der Gleichung mit dem Nenner $2x + 4y + 10$ ergibt:

$2x = 4y \Leftrightarrow x = 2y$

d. h. die ME von Gut A müssen das Doppelte der ME von Gut B betragen.

7.6

Zunächst wird $\sqrt{x}$ mit der Formel 23 umgeschrieben zu $\sqrt{x} = x^{0,5}$. Die partiellen Ableitungen ergeben sich dann gemäß Formel 2 wie folgt:

$r_x(x,y) = 0{,}5 \cdot x^{-0,5}$

Mit Formel 17 und Formel 23 gilt dann:

$$r_x(x, y) = 0{,}5 \cdot x^{-0{,}5} = \frac{1}{2\sqrt{x}}$$

$$r_y(x, y) = 2y$$

$$\varepsilon_{r,x}(4, 1) + \varepsilon_{r,y}(4, 1) = ?$$

Formel-Navigator

Verwenden Sie hier Formel 13 und Formel 14.

Die Skalenelastizität ist

$$\varepsilon_{r,x}(x, y) + \varepsilon_{r,y}(x, y) = \frac{1}{2\sqrt{x}} \cdot \frac{x}{\sqrt{x} + y^2} + 2y \cdot \frac{y}{\sqrt{x} + y^2}$$

An der Stelle $(x, y) = (4, 1)$ ergibt sich:

$$\varepsilon_{r,x}(4, 1) + \varepsilon_{r,y}(4, 1) = \frac{1}{2\sqrt{4}} \cdot \frac{4}{\sqrt{4} + 1^2} + 2 \cdot 1 \cdot \frac{1}{\sqrt{4} + 1^2} = \frac{1}{3} + \frac{2}{3} = 1$$

7.7

Mit der Formel 2 ergeben sich die partiellen Ableitungen:

$$K_x(x; y) = 6x + y$$

$$K_y(x; y) = 4y + x$$

Die Grenzkosten von Gut I an der Stelle $(x; y) = (5; 6)$ betragen:

$$K_x(5; 6) = 36$$

d. h. werden statt 5 ME von Gut I und 6 ME von Gut II jetzt 6 ME von Gut I und 6 ME von Gut II hergestellt, so steigen die Kosten um etwa 36 GE.

Die Grenzkosten von Gut II an der Stelle $(x; y) = (5; 6)$ betragen:

$$K_y(5; 6) = 29$$

d. h. werden statt 5 ME von Gut I und 6 ME von Gut II jetzt 5 ME von Gut I und 7 ME von Gut II hergestellt, so steigen die Kosten um etwa 29 GE.

Lösungen zu Kapitel 8: Kurvendiskussion von $f(x, y)$

Lösungen

8.1
partielle Ableitungen=?

Formel-Navigator

Verwenden Sie hier Formel 2, Formel 7 und Formel 8.

$f_x(x, y) = 4y + 6$

$f_y(x, y) = 4x + 2$

$f_{xx}(x, y) = 0$

$f_{yy}(x, y) = 0$

$f_{xy}(x, y) = 4$

Notwendige Bedingung:

$$\begin{array}{llcll} \text{I} & 0 & = & 4y+6 & \Leftrightarrow y = -\frac{3}{2} \\ \text{II} & 0 & = & 4x+2 & \Leftrightarrow x = -\frac{1}{2} \end{array}$$

d. h. $\left(-\frac{1}{2}; -\frac{3}{2}\right)$ ist ein stationärer Punkt.

Hinreichende Bedingung:

$D(x; y) = 0 - 4^2 = -16$

$D\left(-\frac{1}{2}; -\frac{3}{2}\right) = -16 < 0$

d. h. $\left(-\frac{1}{2}; -\frac{3}{2}\right)$ ist eine Sattelstelle

Tipp!

Zur Unterscheidung, ob eine lokale oder globale Extremstelle vorliegt, soll das folgende Entscheidungsdiagramm helfen:

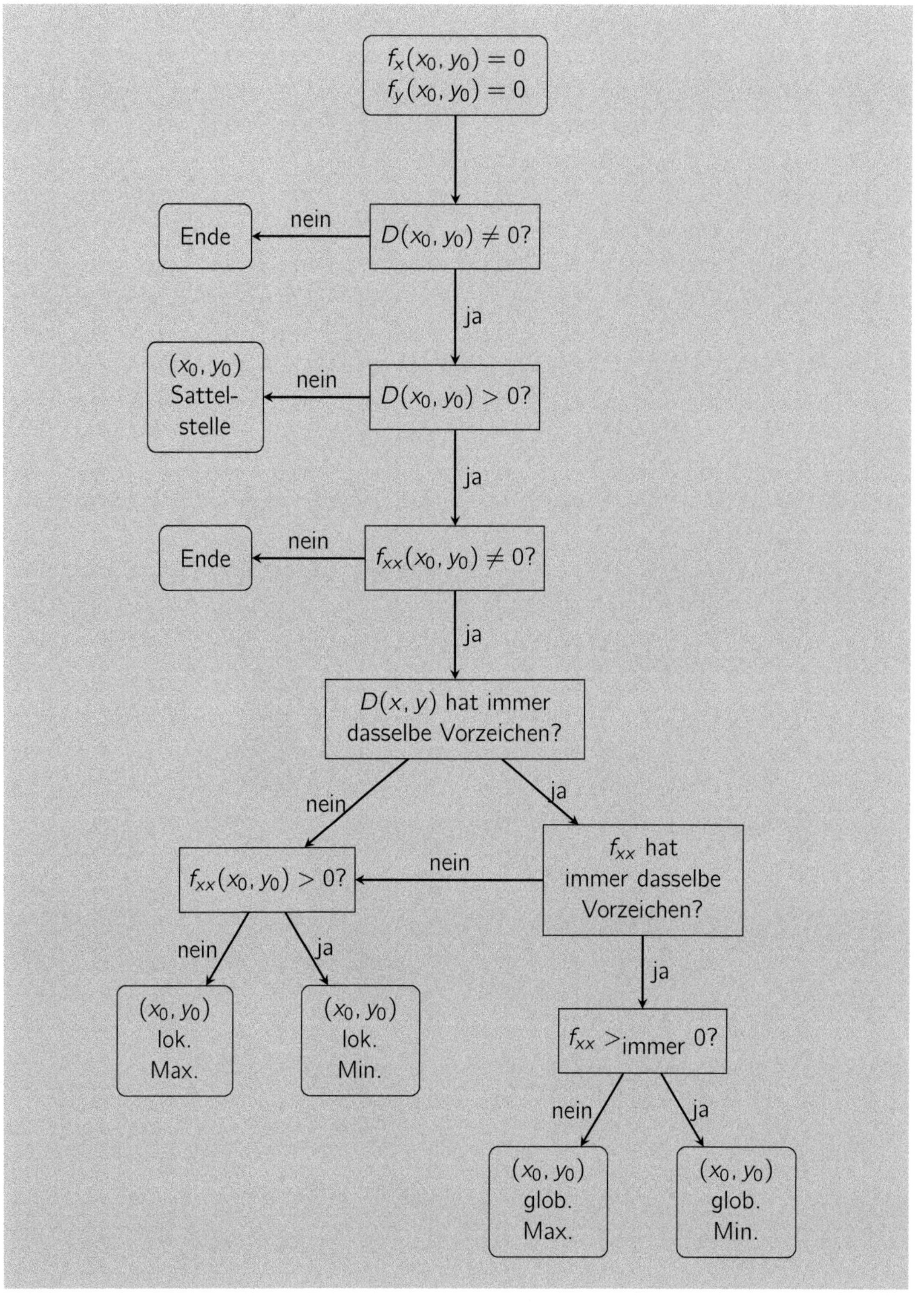
$f_x(x_0, y_0) = 0$
$f_y(x_0, y_0) = 0$
Ende
nein
$D(x_0, y_0) \neq 0?$
ja
(x_0, y_0) Sattel-stelle
nein
$D(x_0, y_0) > 0?$
ja
Ende
nein
$f_{xx}(x_0, y_0) \neq 0?$
ja
$D(x, y)$ hat immer dasselbe Vorzeichen?
nein
ja
$f_{xx}(x_0, y_0) > 0?$
nein
f_{xx} hat immer dasselbe Vorzeichen?
nein
ja
ja
(x_0, y_0) lok. Max.
(x_0, y_0) lok. Min.
$f_{xx} >_{\text{immer}} 0?$
nein
ja
(x_0, y_0) glob. Max.
(x_0, y_0) glob. Min.

8.2
partielle Ableitungen=?

> **Formel-Navigator**
>
> Verwenden Sie hier Formel 1, Formel 2, Formel 7 und Formel 8.

$f_x(x, y) = 2x + 2y$

$f_y(x, y) = -2y + 2x - 6$

$f_{xx}(x, y) = 2$

$f_{yy}(x, y) = -2$

$f_{xy}(x, y) = f_{yx}(x, y) = 2$

Notwendige Bedingung:

$$\begin{array}{lll} \text{I} & f_x(x, y) = 0 \Leftrightarrow & 2x + 2y = 0 \\ \text{II} & f_y(x, y) = 0 \Leftrightarrow & -2y + 2x - 6 = 0 \\ \hline \end{array}$$

I+II: $2x + 2x - 6 = 4x - 6 = 0 \Leftrightarrow x = \frac{3}{2}$

Einsetzen in II: $-2y - 3 = 0 \Leftrightarrow y = -\frac{3}{2}$

d. h. $\left(\frac{3}{2}; -\frac{3}{2}\right)$ ist ein stationärer Punkt.

Hinreichende Bedingung:

$D(x, y) = f_{xx}(x, y) \cdot f_{yy}(x, y) - (f_{xy}(x, y))^2 = 2 \cdot (-2) - 2^2 = -8 < 0$

d. h. $(x_0, y_0) = \left(\frac{3}{2}; -\frac{3}{2}\right)$ ist Sattelstelle von f.

8.3
partielle Ableitungen =?

> **Formel-Navigator**
>
> Verwenden Sie hier Formel 1, Formel 2, Formel 7 und Formel 8.

$f_x(x, y) = 3x^2 - y$

$f_y(x, y) = 4y - x$

$f_{xx}(x, y) = 6x$

$f_{yy}(x, y) = 4$

$f_{xy}(x, y) = -1$

Notwendige Bedingung:

$$\begin{array}{lcll} \text{I} & 0 & = & 3x^2 - y \\ \text{II} & 0 & = & 4y - x \\ \hline 4 \cdot \text{I} + \text{II} & 0 & = & 12x^2 - x = 12x(x - \frac{1}{12}) \quad \Leftrightarrow x = 0 \text{ oder } x = \frac{1}{12} \end{array}$$

Fallunterscheidung:

1. Fall: $x = 0 \Rightarrow \text{II } 0 = 4y \Leftrightarrow y = 0$

2. Fall: $x = \frac{1}{12} \Rightarrow \text{II } 0 = 4y - \frac{1}{12} \Leftrightarrow y = \frac{1}{48}$

d. h. (0;0) und $\left(\frac{1}{12}; \frac{1}{48}\right)$ sind stationäre Punkte.

Hinreichende Bedingung:

$D(x; y) = 6x \cdot 4 - (-1)^2 = 24x - 1$

$D(0; 0) = -1 < 0$

d. h. (0;0) ist eine Sattelstelle.

$D\left(\frac{1}{12}; \frac{1}{48}\right) = 1 > 0$ und $f_{xx}\left(\frac{1}{12}; \frac{1}{48}\right) = \frac{1}{2} > 0$

d. h. $\left(\frac{1}{12}; \frac{1}{48}\right)$ ist eine lokale Minimalstelle.

8.4

partielle Ableitungen =?

Formel-Navigator

Verwenden Sie hier Formel 1, Formel 2, Formel 7 und Formel 8.

$G_x(x, y) = -2x + 14 + y$

$G_y(x, y) = -y + 16 + x$

$G_{xx}(x, y) = -2$

$G_{yy}(x, y) = -1$

$G_{xy}(x, y) = 1$

Notwendige Bedingung:

$$\begin{array}{lcll} \text{I} & 0 & = & -2x + 14 + y \\ \text{II} & 0 & = & -y + 16 + x \\ \hline \text{I+II} & 0 & = & -x + 30 \Leftrightarrow x = 30 \\ \text{II} & y & = & 16 + x = 16 + 30 = 46 \end{array}$$

d. h. (30; 46) ist eine mögliche Extremstelle.

Hinreichende Bedingung:

$D(x, y) = (-2) \cdot (-1) - 1^2 = 1 >_{\text{immer}} 0$

$G_{xx}(x, y) = -2 <_{\text{immer}} 0$

d. h. (30; 46) globales (absolutes) Maximum

d. h. die Gewinn-maximalen Mengen betragen $x = 30$ ME und $y = 46$ ME.

Das sollten Sie wissen!

Taucht in einer Funktionsgleichung von $f(x, y)$ eine unbekannte Größe z. B. $a \in \mathbb{R}$ auf, so wird beim (partiellen) Ableiten a behandelt wie eine Konstante. (vgl. Aufgabe 8.5).

8.5

partielle Ableitungen =?

Formel-Navigator

Verwenden Sie hier Formel 2, Formel 7 und Formel 8.

$f_x(x, y) = 2x + ay$

$f_y(x, y) = ax + 2y$

$f_{xx}(x, y) = 2$

$f_{yy}(x, y) = 2$

$f_{xy}(x, y) = a$

Notwendige Bedingung:

Für $x = 0$ und $y = 0$ gilt:

I $\quad 2 \cdot 0 + a \cdot 0 = 0$

II $\quad a \cdot 0 + 2 \cdot 0 = 0$

d. h. $(0, 0)$ ist ein stationärer Punkt.

Hinreichende Bedingung:

Für $a \in (0; 2)$ gilt: $a^2 \in (0; 4)$.

Somit haben wir:

$D(x, y) = f_{xx}(x, y) \cdot f_{yy}(x, y) - [(f_{xy}(x, y)]^2 = 2 \cdot 2 - a^2 >_{\text{immer}} 0$

$f_{xx}(x, y) = 2 >_{\text{immer}} 0$

d. h. (0;0) ist eine globale Minimalstelle.

8.6
$f_x(x, y) = ?$

Formel-Navigator

Verwenden Sie hier Formel 3 und Formel 11.

innere Funktion $i(x, y) = x^2 + y^2$ und $i_x(x, y) = 2x$
äußere Funktion $a(t) = e^t$ und $a'(t) = e^t$
$f_x(x, y) = e^{x^2+y^2} \cdot 2x = 2x \cdot e^{x^2+y^2}$
$f_y(x, y) = ?$

Formel-Navigator

Verwenden Sie hier Formel 3 und Formel 11.

innere Funktion $i(x, y) = x^2 + y^2$ und $i_y(x, y) = 2y$
äußere Funktion $a(t) = e^t$ und $a'(t) = e^t$
$f_y(x, y) = e^{x^2+y^2} \cdot 2y = 2y \cdot e^{x^2+y^2}$
$f_{xx}(x, y) = ?$

Formel-Navigator

Verwenden Sie hier Formel 3, Formel 9 und Formel 11.

$f_{xx}(x, y) = 2 \cdot e^{x^2+y^2} + 2x \cdot 2x \cdot e^{x^2+y^2} = e^{x^2+y^2}(2 + 4x^2)$
$f_{yy}(x, y) = ?$

Formel-Navigator

Verwenden Sie hier Formel 3, Formel 9 und Formel 11.

$f_{yy}(x, y) = 2 \cdot e^{x^2+y^2} + 2y \cdot 2y \cdot e^{x^2+y^2} = e^{x^2+y^2}(2 + 4y^2)$
$f_{xy}(x, y) = ?$

Formel-Navigator

Verwenden Sie hier Formel 3 und Formel 11.

$f_{xy}(x, y) = 2x \cdot 2y \cdot e^{x^2+y^2} = 4xy \cdot e^{x^2+y^2}$
Notwendige Bedingung:
Für $x = 0$ und $y = 0$ gilt:
I $2 \cdot 0 \cdot e^0 = 0$
II $2 \cdot 0 \cdot e^0 = 0$

d. h. $(0, 0)$ ist ein stationärer Punkt.

Hinreichende Bedingung:

$D(0,0) = (2 \cdot e^0 + 0 \cdot e^0)^2 - 0 \cdot e^0 = 2^2 = 4 > 0$, da $e^0 = 1$

$f_{xx}(0,0) = e^0(2 + 4 \cdot 0) = 2 > 0$, da $e^0 = 1$

d. h. (0;0) ist eine lokale Minimalstelle.

8.7

$f_x(x, y, z) = ?$

> **Formel-Navigator**
>
> Verwenden Sie hier Formel 2.

$f_x(x, y, z) = 2x - y + 1$

$f_y(x, y, z) = ?$

> **Formel-Navigator**
>
> Verwenden Sie hier Formel 2.

$f_y(x, y, z) = -x + y - 4$

$f_z(x, y, z) = ?$

> **Formel-Navigator**
>
> Verwenden Sie hier Formel 5 und Formel 11.

innere Funktion $i(x, y, z) = z^2 + 1$ und $i_z(x, y, z) = 2z$

äußere Funktion $a(t) = \ln t$ und $a'(t) = \frac{1}{t}$

$$f_z(x, y, z) = \frac{1}{z^2 + 1} \cdot 2z = \frac{2z}{z^2 + 1}$$

Notwendige Bedingung:

$$\begin{array}{llcl}
\text{I} & 0 & = & 2x - y + 1 \\
\text{II} & 0 & = & -x + y - 4 \\
\text{III} & 0 & = & \dfrac{2z}{z^2 + 1} \Leftrightarrow 2z = 0 \Leftrightarrow z = 0 \quad \text{Multiplikation mit } z^2 + 1 \\
\hline
\text{I} + \text{II} & 0 & = & x - 3 \Leftrightarrow x = 3 \\
\text{I} & 0 & = & 6 - y + 1 \Leftrightarrow y = 7
\end{array}$$

d. h. $(3; 7; 0)$ ist ein stationärer Punkt.

8.8
partielle Ableitungen=?

Formel-Navigator

Verwenden Sie hier Formel 2.

$f_x(x, y) = x^2 - 3x + 2$

$f_y(x, y) = y - 4$

$f_{xx}(x, y) = 2x - 3$

$f_{yy}(x, y) = 1$

$f_{xy}(x, y) = 0$

Notwendige Bedingung:

Formel-Navigator

Verwenden Sie hier Formel 15.

$$\begin{array}{llll} \text{I} & 0 & = & x^2 - 3x + 2 \quad \Leftrightarrow x = 1{,}5 \pm \sqrt{2{,}25 - 2} = 1{,}5 \pm 0{,}5 \Leftrightarrow x = 2 \text{ oder } x = 1 \\ \text{II} & 0 & = & y - 4 \qquad\qquad\quad \Leftrightarrow y = 4 \end{array}$$

d. h. (1;4) und (2; 4) sind stationäre Punkte.

Hinreichende Bedingung:

$D(x; y) = (2x - 3) \cdot 1 - 0^2 = 2x - 3$

$D(1; 4) = -1 < 0$

d. h. (1;4) ist eine Sattelstelle.

$D(2; 4) = 1 > 0$ und $f_{xx}(2; 4) = 1 > 0$

d. h. (2; 4) ist eine lokale Minimalstelle.

8.9
$f_x(x, y) =?$

Formel-Navigator

Verwenden Sie hier Formel 2 und Formel 3.

$f_x(x, y) = y \cdot e^x + 4$

$f_y(, xy) =?$

Formel-Navigator

Verwenden Sie hier Formel 2.

$f_y(x, y) = e^x + 4$

$f_{xx}(x, y) =?$

Formel-Navigator

Verwenden Sie hier Formel 3.

$f_{xx}(x, y) = y \cdot e^x$

$f_{yy}(x, y) = ?$

Formel-Navigator

Verwenden Sie hier Formel 1.

$f_{yy}(x, y) = 0$

$f_{xy}(x, y) = ?$

Formel-Navigator

Verwenden Sie für $f_{xy}(x, y)$ Formel 2 bzw. für $f_{yx}(x, y)$ Formel 3.

$f_{xy}(x, y) = e^x$

Notwendige Bedingung:

I $0 = y \cdot e^x + 4$

II $0 = e^x + 4 \quad \Leftrightarrow e^x = -4$ ↯, da $e^x \geq_{\text{immer}} 0$

d. h. es gibt keine stationären Punkte;

d. h. es gibt keine lokalen Extremstellen.

Lösungen zu Kapitel 9: Extremstellen unter Nebenbedingungen

Das sollten Sie wissen!

In Klausuraufgaben gibt es drei unterschiedliche Aufgabenstellungen, um Extremstellen unter Nebenbedingungen zu bestimmen:

- Die Methode ist nicht vorgeschrieben. Hier haben Sie freie Wahl zwischen Einsetz- und Lagrange-Methode.
- Die Einsetz-Methode ist vorgeschrieben.
- Die Lagrange-Methode ist vorgeschrieben.

Tipp!

Wird eine Extremstelle unter einer Nebenbedingung in der Klausur mit einer anderen als der vorgeschriebenen Methode bestimmt, so gibt es, auch für eine richtige Lösung, null Punkte. Ist hingegen die Methode nicht vorgeschrieben, so gibt es Anhaltspunkte, welche der beiden Methoden einen geringeren Rechenaufwand verspricht:

- Ist die Nebenbedingung linear wie z. B. in Aufgabe 9.1 und Aufgabe 9.5, so ist die Einsetz-Methode vorzuziehen, weil sich die Nebenbedingung ohne großen Rechenaufwand nach einer Variablen auflösen lässt.
- Ist hingegen die Nebenbedingung quadratisch wie z. B. in Aufgabe 9.8, so ist die Lagrange-Methode der Einsetz-Methode vorzuziehen, da die Auflösung der Nebenbedingung nach einer der beiden Variablen aufwändig wäre.

Das sollten Sie wissen!

Wird für die Einsetz-Methode eine Nebenbedingung, z. B. $x + y = 8$ aus der Aufgabe 9.1, nach einer Variablen aufgelöst, so ist es für die Lösung unerheblich, ob die Gleichung nach x oder nach y aufgelöst wird:

- $x = 8 - y$ oder
- $y = 8 - x$

9.1

Einsetz-Methode

1. Lösungsweg:

NB $x + y = 8 \Leftrightarrow x = 8 - y$

Setze: $f(y) = (8-y)^2 + 2y^2 + (8-y)y + (8-y) + y - 17$

Formel-Navigator

Verwenden Sie hier Formel 38.

$$\begin{aligned} f(y) &= 64 - 16y + y^2 + 2y^2 + 8y - y^2 + 8 - y + y - 17 \\ &= 2y^2 - 8y + 55 \end{aligned}$$

$f'(y) = ?$ und $f''(y) = ?$

Formel-Navigator

Verwenden Sie hier Formel 2.

$f'(y) = 4y - 8$

$f''(y) = 4$

Notwendige Bedingung:

$0 = 4y - 8 \Leftrightarrow y = 2$

$x = 8 - 2 = 6$

Hinreichende Bedingung:

$f''(y) = 4 >_{\text{immer}} 0$

d. h. $f(x, y)$ hat in $(6\,;\,2)$ eine globale Minimalstelle unter Berücksichtigung der Nebenbedingung.

2. Lösungsweg:

NB $x + y = 8 \Leftrightarrow y = 8 - x$

Setze: $f(x) = x^2 + 2(8-x)^2 + x(8-x) + x + (8-x) - 17$

Formel-Navigator

Verwenden Sie hier Formel 38.

$$\begin{aligned} f(x) &= x^2 + 128 - 32x + 2x^2 + 8x - x^2 + x + 8 - x - 17 \\ &= 2x^2 - 24x + 119 \end{aligned}$$

$f'(x) = ?$ und $f''(x) = ?$

Formel-Navigator

Verwenden Sie hier Formel 2.

$f'(x) = 4x - 24$

$f''(x) = 4$

Notwendige Bedingung:

$0 = 4x - 24 \Leftrightarrow x = 6$

$y = 8 - 6 = 2$

Hinreichende Bedingung:

$f''(x) = 4 >_{\text{immer}} 0$

d. h. $f(x, y)$ hat in $(6; 2)$ eine globale Minimalstelle unter Berücksichtigung der Nebenbedingung.

9.2

Einsetz-Methode

$e^{x+y} = 1$

Wenn die beiden Seiten der Gleichung gleich groß sind, so muss auch der natürliche Logarithmus der beiden Seiten gleich groß sein:

$\ln\left(e^{x+y}\right) = \ln 1$

Da $\ln 1 = 0$ ist, ergibt sich:

$\ln\left(e^{x+y}\right) = 0$

Formel-Navigator

Verwenden Sie hier Formel 36.

$0 = \ln\left(e^{x+y}\right) = (x + y) \cdot \ln(e)$

Da $\ln(e) = 1$ ist, ergibt sich:

$x + y = 0 \Leftrightarrow y = -x$

Setze: $f(x) = x^2 + (-x)^2 - x \cdot (-x) - 3ax = 3x^2 - 3ax$

$f'(x) =?$ und $f''(x) =?$

Formel-Navigator

Verwenden Sie hier Formel 2.

$f'(x) = 6x - 3a$

$f''(x) = 6$

Notwendige Bedingung:

$0 = 6x - 3a \Leftrightarrow x = \frac{3a}{6} = \frac{a}{2}$

$y = -\frac{a}{2}$

Hinreichende Bedingung:

$f''(x) = 6 >_{\text{immer}} 0$

d. h. $f(x,y)$ hat in $\left(\frac{a}{2}; -\frac{a}{2}\right)$ eine globale Minimalstelle unter Berücksichtigung der Nebenbedingung.

9.3

Einsetz-Methode

$x + y = a \Leftrightarrow y = a - x$

Setze: $f(x) = x^2 + x(a-x) + (a-x)^2 + 4x + 2(a-x) - 10$

Formel-Navigator

Verwenden Sie hier Formel 38.

$$\begin{aligned} f(x) &= x^2 + ax - x^2 + a^2 - 2ax + x^2 + 4x + 2a - 2x - 10 \\ &= x^2 + 2x - ax + a^2 + 2a - 10 \end{aligned}$$

$f'(x) = ?$ und $f''(x) = ?$

Formel-Navigator

Verwenden Sie hier Formel 2.

$f'(x) = 2x + 2 - a$

$f''(x) = 2$

Notwendige Bedingung:

$0 = 2x + 2 - a \Leftrightarrow 2x = a - 2 \Leftrightarrow x = 0{,}5a - 1$

$y = a - x = a - (0{,}5a - 1) = 0{,}5a + 1$

Hinreichende Bedingung:

$f''(x) = 2 >_{\text{immer}} 0$

d. h. $f(x,y)$ hat in $(0{,}5a - 1; 0{,}5a + 1)$ eine globale Minimalstelle unter Berücksichtigung der Nebenbedingung.

Das sollten Sie wissen!

Eine Nebenbedingung, z. B. $x + 2y = 50$ aus der Aufgabe 9.4, wird in die Lagrangefunktion in Nullform eingesetzt. Dabei ist es für die Lösung unerheblich, ob die Nullform der Nebenbedingung:

- $x + 2y - 50 = 0$ oder
- $50 - x - 2y = 0$

lautet. (vgl. auch Aufgabe 9.9)

Tipp!

Kommt der Lagrange-Multiplikator λ in den zweiten partiellen Ableitungen der Lagrangefunktion nicht vor (wie z. B. in Aufgabe 9.4), so muss der Wert von λ_0 in Klausuren nicht ausgerechnet werden. Dies muss in der Lösung jedoch wie folgt vermerkt werden: „Der Wert von λ_0 wird nicht benötigt."

9.4

Lagrange-Methode

$L(x, y, \lambda) = 4x^2 + 5y^2 - 2xy + 200 + \lambda(x + 2y - 50)$

partielle Ableitungen erster und zweiter Ordnung=?

Formel-Navigator

Verwenden Sie hier Formel 2.

$L_x(x, y, \lambda) = 8x - 2y + \lambda$

$L_y(x, y, \lambda) = 10y - 2x + 2\lambda$

$L_\lambda(x, y, \lambda) = x + 2y - 50$

$L_{xx}(x, y, \lambda) = 8$

$L_{yy}(x, y, \lambda) = 10$

$L_{xy}(x, y, \lambda) = -2$

Notwendige Bedingung:

I	$0 = 8x - 2y + \lambda$
II	$0 = 10y - 2x + 2\lambda$
III	$0 = x + 2y - 50$
I − 0,5 · II	$0 = 9x - 7y \Leftrightarrow 7y = 9x \Leftrightarrow y = \frac{9}{7}x$
III	$0 = x + \frac{18}{7}x - 50 = \frac{25}{7}x - 50 \Leftrightarrow x = 50 \cdot \frac{7}{25} = 14 \Rightarrow y = \frac{9}{7} \cdot 14 = 18$

Der Wert von λ_0 wird nicht benötigt.

d. h. $(14; 18; \lambda_0)$ ist ein stationärer Punkt.

Hinreichende Bedingung:

$D(x, y, \lambda_0) = 8 \cdot 10 - (-2)^2 = 76 >_{\text{immer}} 0$

$L_{xx}(x, y, \lambda_0) = 8 >_{\text{immer}} 0$

d. h. $f(x, y)$ hat in $(14; 18)$ eine globale Minimalstelle unter Berücksichtigung der Nebenbedingung.

9.5

Lagrange-Methode

$L(x,y,\lambda) = x^2 + 2y^2 + xy + x + y - 17 + \lambda(x + y - 8)$

partielle Ableitungen erster und zweiter Ordnung=?

Formel-Navigator

Verwenden Sie hier Formel 2.

$L_x(x,y,\lambda) = 2x + y + 1 + \lambda$

$L_y(x,y,\lambda) = 4y + x + 1 + \lambda$

$L_\lambda(x,y,\lambda) = x + y - 8$

$L_{xx}(x,y,\lambda) = 2$

$L_{yy}(x,y,\lambda) = 4$

$L_{xy}(x,y,\lambda) = 1$

Notwendige Bedingung:

$$\begin{array}{llll}
\text{I} & 0 = & 2x + y + 1 + \lambda & \\
\text{II} & 0 = & 4y + x + 1 + \lambda & \\
\text{III} & 0 = & x + y - 8 & \\
\hline
\text{I} - \text{II} & 0 = & x - 3y & \Leftrightarrow x = 3y \\
\text{III} & 0 = & 3y + y - 8 = 4y - 8 & \Leftrightarrow y = 2 \Rightarrow x = 3 \cdot 2 = 6
\end{array}$$

Der Wert von λ_0 wird nicht benötigt.

d. h. $(6; 2; \lambda_0)$ ist ein stationärer Punkt.

Hinreichende Bedingung:

$D(x; y; \lambda_0) = 2 \cdot 4 - 1^2 = 7 >_{\text{immer}} > 0$

$L_{xx}(x; y; \lambda_0) = 2 >_{\text{immer}} 0$

d. h. $f(x,y)$ hat in $(6\,;\,2)$ eine globale Minimalstelle unter Berücksichtigung der Nebenbedingung.

9.6

Lagrange-Methode

$L(x,y,\lambda) = x^2 + y^2 - xy - 3ax + \lambda(e^{x+y} - 1)$

partielle Ableitungen erster und zweiter Ordnung=?

Formel-Navigator

Verwenden Sie hier Formel 2, Formel 3 und Formel 11.

innere Funktion $i(x, y) = x + y$ und $i_x(x, y) = 1$

äußere Funktion $a(t) = e^t$ und $a'(t) = e^t$

Daraus ergibt sich:

$a_x(i(x, y)) \cdot i_x(x, y) = e^{x+y} \cdot 1 = e^{x+y}$

Somit haben wir:

$L_x(x, y, \lambda) = 2x - y - 3a + \lambda e^{x+y}$

$L_y(x, y, \lambda) = 2y - x + \lambda e^{x+y}$

$L_\lambda(x, y, \lambda) = e^{x+y} - 1$

$L_{xx}(x, y, \lambda) = 2 + \lambda e^{x+y}$

$L_{yy}(x, y, \lambda) = 2 + \lambda e^{x+y}$

$L_{xy}(x, y, \lambda) = -1 + \lambda e^{x+y}$

Notwendige Bedingung:

I $\quad 0 = 2x - y - 3a + \lambda e^{x+y}$

II $\quad 0 = 2y - x + \lambda e^{x+y}$

III $\quad 0 = e^{x+y} - 1$

Wir addieren in der Gleichung III auf beiden Seiten eins:

$e^{x+y} = 1$

Wir setzen auf beide Seiten der Gleichung den natürlichen Logarithmus:

$\ln\left(e^{x+y}\right) = \ln 1$

Da $\ln 1 = 0$ gilt, ergibt sich:

$\ln\left(e^{x+y}\right) = 0$

Formel-Navigator

Verwenden Sie hier Formel 36.

$(x + y) \cdot \ln(e) = 0$

Da $\ln e = 1$ ist, ergibt sich:

$x + y = 0 \Leftrightarrow y = -x$

I – II $\quad 0 = 3x - 3y - 3a = 3x - 3 \cdot (-x) - 3a = 6x - 3a \Leftrightarrow x = \frac{a}{2} \Rightarrow y = -\frac{a}{2}$

II $\quad 0 = 2 \cdot \left(-\frac{a}{2}\right) - \frac{a}{2} + \lambda e^0 = -\frac{3}{2}a + \lambda \Leftrightarrow \lambda = \frac{3}{2}a$

d. h. $\left(\frac{a}{2}, -\frac{a}{2}, \frac{3}{2}a\right)$ ist ein stationärer Punkt.

Hinreichende Bedingung:

$$D\left(\frac{a}{2}, -\frac{a}{2}, \frac{3}{2}a\right) = \left(2 + \frac{3}{2}a\right)^2 - \left(-1 + \frac{3}{2}a\right)^2$$

Formel-Navigator

Verwenden Sie hier Formel 37.

$D\left(\frac{a}{2}, -\frac{a}{2}, \frac{3}{2}a\right) = 4+6a+2{,}25a^2-(1-3a+2{,}25a^2) = 4+6a+2{,}25a^2-1+3a-2{,}25a^2$

Jetzt fassen wir die Terme zusammen:

$D\left(\frac{a}{2}, -\frac{a}{2}, \frac{3}{2}a\right) = 3+9a > 0$; da $a \geq 1$

$L_{xx}\left(\frac{a}{2}, -\frac{a}{2}, \frac{3}{2}a\right) = 2+1{,}5a > 0$; da $a \geq 1$

d. h. $f(x, y)$ hat in $\left(\frac{a}{2}, -\frac{a}{2}\right)$ eine lokale Minimalstelle unter Berücksichtigung der Nebenbedingung.

9.7

Lagrange-Methode

$L(x, y, \lambda) = x^2 + xy + y^2 + 4x + 2y - 10 + \lambda(x + y - a)$

partielle Ableitungen erster und zweiter Ordnung=?

Formel-Navigator

Verwenden Sie hier Formel 2.

$L_x(x, y, \lambda) = 2x + y + 4 + \lambda$

$L_y(x, y, \lambda) = x + 2y + 2 + \lambda$

$L_\lambda(x, y, \lambda) = x + y - a$

$L_{xx}(x, y, \lambda) = 2$

$L_{yy}(x, y, \lambda) = 2$

$L_{xy}(x, y, \lambda) = 1$

Notwendige Bedingung:

I	$0 = 2x + y + 4 + \lambda$
II	$0 = x + 2y + 2 + \lambda$
III	$0 = x + y - a$
I − II	$0 = x - y + 2 \Leftrightarrow y = x + 2$
III	$0 = x + (x + 2) - a = 2x + 2 - a \Leftrightarrow 2x = a - 2 \Leftrightarrow x = 0{,}5a - 1$
	$y = (0{,}5a - 1) + 2 = 0{,}5a + 1$

Der Wert von λ_0 wird nicht benötigt.

d. h. $(0{,}5a - 1\,;\ 0{,}5a + 1;\ \lambda_0)$ ist ein stationärer Punkt.

Hinreichende Bedingung:

$D(x;y;\lambda_0) = 2 \cdot 2 - 1^2 = 3 >_{\text{immer}} 0$

$L_{xx}(x;y;\lambda_0) = 2 >_{\text{immer}} 0$

d. h. $f(x,y)$ hat in $(0{,}5a-1\,;\,0{,}5a+1)$ eine globale Minimalstelle unter Berücksichtigung der Nebenbedingung.

9.8

Umsatzfunktion

$U(x;y) = 6 \cdot x + 5 \cdot y$

Gewinnfunktion

$G(x;y) = U(x;y) - K(x;y) = 6 \cdot x + 5 \cdot y - (2x + 4y + 10) = 4x + y - 10 \;\; ; x, y > 0$

Lagrangefunktion

$L(x,y,\lambda) = 4x + y - 10 + \lambda(2x^2 + y^2 - 36)$

partielle Ableitungen erster und zweiter Ordnung=?

> **Formel-Navigator**
>
> Verwenden Sie hier Formel 2.

$L_x(x,y,\lambda) = 4 + 4\lambda x$

$L_y(x,y,\lambda) = 1 + 2\lambda y$

$L_\lambda(x,y,\lambda) = 2x^2 + y^2 - 36$

$L_{xx}(x,y,\lambda) = 4\lambda$

$L_{yy}(x,y,\lambda) = 2\lambda$

$L_{xy}(x,y,\lambda) = 0$

Notwendige Bedingung:

$$\begin{array}{lrcl}
\text{I} & 0 & = & 4 + 4\lambda x \\
\text{II} & 0 & = & 1 + 2\lambda y \\
\text{III} & 0 & = & 2x^2 + y^2 - 36 \\
\hline
y \cdot \text{I} - 2x \cdot \text{II} & 0 & = & 4y - 2x \Leftrightarrow x = 2y \\
\text{III} & 0 & = & 2(2y)^2 + y^2 - 36 = 9y^2 - 36 \\
\Leftrightarrow & \multicolumn{3}{l}{\underbrace{y = -2}_{\notin \text{Def.bereich}} \quad \text{oder } y = 2 \Rightarrow x = 4} \\
\text{I} & 0 & = & 4 + 16\lambda \Leftrightarrow \lambda = -\dfrac{1}{4}
\end{array}$$

d. h. $(4; 2; -0{,}25)$ ist ein stationärer Punkt.

Hinreichende Bedingung:

$D(x;y;-0{,}25) = 8 \cdot (-0{,}25)^2 - 0 = 0{,}5 >_{\text{immer}} 0$

$L_{xx}(x; y; -0{,}25) = 4 \cdot (-0{,}25) = -1 <_{\text{immer}} 0$

d. h. $G(x, y)$ hat in $(4\,;\,2)$ ein glob. Max unter Berücksichtigung der Nebenbedingung.

$G(4; 2) = 18 - 10 = 8$

d. h. der maximale Gewinn beträgt unter Berücksichtigung der Produktionsrestriktion 8 GE.

9.9

1. Lösungsweg:

Lagrangefunktion

$L(x, y, \lambda) = 3\ln(x) + 15\ln(y) + \lambda(x + y - 120)$

partielle Ableitungen erster und zweiter Ordnung=?

Formel-Navigator

Verwenden Sie hier Formel 2 und Formel 5.

$L_x(x, y, \lambda) = \frac{3}{x} + \lambda$

$L_y(x, y, \lambda) = \frac{15}{y} + \lambda$

$L_\lambda(x, y, \lambda) = x + y - 120$

$L_{xx}(x, y, \lambda) = -\frac{3}{x^2}$

$L_{yy}(x, y, \lambda) = -\frac{15}{y^2}$

$L_{xy}(x, y, \lambda) = 0$

Notwendige Bedingung:

I $\quad \frac{3}{x} + \lambda = 0 \Leftrightarrow \lambda = -\frac{3}{x}$

II $\quad \frac{15}{y} + \lambda = 0 \Leftrightarrow \lambda = -\frac{15}{y}$

III $\quad x + y - 120 = 0$

Gleichsetzen von I und II ergibt:

$-\frac{3}{x} = -\frac{15}{y} \Leftrightarrow 3 = \frac{15x}{y} \Leftrightarrow 3y = 15x \Leftrightarrow y = 5x$

Einsetzen von $y = 5x$ in III ergibt:

$x + 5x - 120 = 0 \Leftrightarrow 6x = 120 \Leftrightarrow x = 20$

Daraus ergibt sich:

$y = 5 \cdot 20 = 100$ und $\lambda = -\frac{3}{20}$

Einziger stationärer Punkt ist somit $(x, y, \lambda) = \left(20, 100, -\frac{3}{20}\right)$.

(Der Wert von $\lambda_0 = -\frac{3}{20}$ wird jedoch nicht benötigt.)

Hinreichende Bedingung:

$$D(x, y, \lambda_0) = \left(-\frac{3}{x^2}\right)\left(-\frac{15}{y^2}\right) - 0^2 = \frac{45}{x^2y^2} >_{\text{immer}} 0$$

$$L_{xx}(x, y, \lambda_0) = -\frac{3}{x^2} <_{\text{immer}} 0$$

Somit liegt in $(x, y) = (20, 100)$ ein globales Maximum unter Berücksichtigung der Budgetrestriktion vor.

2. Lösungsweg:

Lagrangefunktion

$$L(x, y, \lambda) = 3\ln(x) + 15\ln(y) + \lambda(120 - x - y)$$

partielle Ableitungen erster und zweiter Ordnung=?

Formel-Navigator

Verwenden Sie hier Formel 2 und Formel 5.

$$L_x(x, y, \lambda) = \frac{3}{x} - \lambda$$

$$L_y(x, y, \lambda) = \frac{15}{y} - \lambda$$

$$L_\lambda(x, y, \lambda) = 120 - x - y$$

$$L_{xx}(x, y, \lambda) = -\frac{3}{x^2}$$

$$L_{yy}(x, y, \lambda) = -\frac{15}{y^2}$$

$$L_{xy}(x, y, \lambda) = 0$$

Notwendige Bedingung:

I $\quad \frac{3}{x} - \lambda = 0 \Leftrightarrow \lambda = \frac{3}{x}$

II $\quad \frac{15}{y} - \lambda = 0 \Leftrightarrow \lambda = \frac{15}{y}$

III $\quad 120 - x - y = 0$

Gleichsetzen von I und II ergibt.

$$\frac{3}{x} = \frac{15}{y} \Leftrightarrow 3 = \frac{15x}{y} \Leftrightarrow 3y = 15x \Leftrightarrow y = 5x$$

Einsetzen von $y = 5x$ in III ergibt:

$$120 - x - 5x = 0 \Leftrightarrow 6x = 120 \Leftrightarrow x = 20$$

Daraus ergibt sich:

$y = 5 \cdot 20 = 100$ und $\lambda = \dfrac{3}{20}$

Einziger stationärer Punkt ist somit $(x, y, \lambda) = (20, 100, \frac{3}{20})$.

(Der Wert von $\lambda_0 = \frac{3}{20}$ wird jedoch nicht benötigt.)

Hinreichende Bedingung:

$D(x, y, \lambda_0) = \left(-\dfrac{3}{x^2}\right)\left(-\dfrac{15}{y^2}\right) - 0^2 = \dfrac{45}{x^2 y^2} >_{\text{immer}} 0$

$L_{xx}(x, y, \lambda_0) = -\dfrac{3}{x^2} <_{\text{immer}} 0$

Somit liegt in $(x, y) = (20, 100)$ ein globales Maximum unter Berücksichtigung der Budgetrestriktion vor.

Lösungen zu Kapitel 10: Gemischte Aufgaben

10.1

Den Zusammenhang zwischen den unterschiedlichen ökonomischen Funktionen finden Sie unter dem Wissen-Hinweis auf der Seite 32.

Firma	Preis	Output	Umsatz	Gesamtkosten	Fixkosten	Variable Kosten	Stückkosten	variable Stück kosten
1	95	10	950	650	150	500	65	50
2	3	3 000	9 000	6 300	1 500	4 800	2,1	1,6
3	10	700	7 000	10 500	2 100	8 400	15	12
4	2,75	2 000	5 500	5 500	4 000	1 500	2,75	0,75
5	4	400	1 600	1 200	400	800	3	2

Firma 1

variable Kosten $K_v(x) = 500$

variable Stückkosten $k_v(x) = \frac{500}{x} = 50$

Output $x = \frac{500}{50} = 10$

Fixkosten $K_f(10) = 150$

Gesamtkosten $K(10) = K_v(10) + K_f(10) = 500 + 150 = 650$

Stückkosten $k(10) = \frac{K(10)}{10} = \frac{650}{10} = 64$

Umsatz $U(10) = 950 = 10 \cdot p(10)$

Preis $p(10) = \frac{U(10)}{10} = \frac{950}{10} = 95$

Firma 2

Stückkosten $k(x) = 2{,}1$

Gesamtkosten $K(x) = 6\,300$

Stückkosten $2{,}1 = k(x) = \frac{K(x)}{x} = \frac{6\,300}{x}$

Output $x = \frac{6\,300}{2{,}1} = 3\,000$

variable Stückkosten $k_v(3\,000) = 1{,}6$

variable Kosten $K_v(3\,000) = k_v(3\,000) \cdot 3\,000 = 1{,}6 \cdot 3\,000 = 4\,800$

Kosten $K(3\,000) = K_v(3\,000) + K_f(3\,000)$

Fixkosten $K_f(3\,000) = K(3\,000) - K_v(3\,000) = 6\,300 - 4\,800 = 1\,500$

Umsatz $U(3\,000) = 9\,000$

Preis $p(3\,000) = \dfrac{U(3\,000)}{3\,000} = \dfrac{9\,000}{3\,000} = 3$

Firma 3

Output $x = 700$

variable Stückkosten $k_v(700) = 12$

variable Kosten $K_v(700) = k_v(700) \cdot 700 = 12 \cdot 700 = 8\,400$

Gesamtkosten $K(700) = 10\,500$

Fixkosten $K_f(700) = K(700) - K_v(700) = 10\,500 - 8\,400 = 2\,100$

Preis $p(700) = 10$

Umsatz $U(700) = p(700) \cdot 700 = 10 \cdot 700 = 7\,000$

Firma 4

Gesamtkosten $K(x) = 5\,500$

Fixkosten $K_f(x) = 4\,000$

Kosten $K(x) = K_v(x) + K_f(x)$

variable Kosten $K_v(x) = K(x) - K_f(x) = 5\,500 - 4\,000 = 1\,500$

variable Stückkosten $k_v(x) = 0{,}75$

variable Stückkosten $k_v(x) = \dfrac{K_v(x)}{x} = \dfrac{1\,500}{x} = 0{,}75$

Output $x = \dfrac{1\,500}{0{,}75} = 2\,000$

Umsatz $U(2\,000) = 5\,500$

Preis $p(2\,000) = \dfrac{U(200)}{2\,000} = \dfrac{5\,500}{2\,000} = 2{,}75$

Firma 5

Output $x = 400$

variable Kosten $K_v(400) = 800$

variable Stückkosten $k_v(400) = \dfrac{K_v(400)}{400} = 2$

Fixkosten $K_f(400) = 400$

Gesamtkosten $K(400) = K_v(400)0 + K_f(400) = 800 + 400 = 1\,200$

Stückkosten $k(400) = \dfrac{K(400)}{400} = \dfrac{1\,200}{400} = 3$

Preis $p(400) = 4$

Umsatz $U(400) = p(400) \cdot 400 = 4 \cdot 400 = 1\,600$

10.2

partielle Ableitungen=?

> **Formel-Navigator**
>
> Verwenden Sie hier Formel 2.

$f_x(x,y) = 2xy + 4$

$f_y(x,y) = x^2 - 4$

$f_{xx}(x,y) = 2y$

$f_{yy}(x,y) = 0$

$f_{xy}(x,y) = x$

Notwendige Bedingung:

I $\quad 0 \;=\; 2xy + 4$

II $\quad 0 \;=\; x^2 - 4 \Leftrightarrow x = \pm 2$ gemäß Formel 15

Fallunterscheidung:

1. Fall: $x = -2 \Leftrightarrow -4y + 4 = 0 \Leftrightarrow y = 1$

2. Fall: $x = +2 \Leftrightarrow 4y + 4 = 0 \Leftrightarrow y = -1$

d. h. $(2;-1)$ und $(-2;1)$ sind stationäre Punkte.

Hinreichende Bedingung:

$D(x,y) = 2y \cdot 0 - (2x)^2 = -4x^2$

$D(2;-1) = -16 < 0$; d. h. $(2;-1)$ ist eine Sattelstelle.

$D(-2;1) = -16 < 0$; d. h. $(-2;1)$ ist eine Sattelstelle.

10.3

[1] Umkehrabbildung $p(x) =?$

$x = 15 - 0{,}2p \Leftrightarrow x + 0{,}2p = 15 \Leftrightarrow 0{,}2p = 15 - x \Leftrightarrow p = 75 - 5x$

d. h. $p(x) = 75 - 5x$

Um den Definitionsbereich von $p(x)$ zu bestimmen, stellen wir eine Wertetabelle auf:

p	x
0	15
75	0

d. h. $p(x) = 75 - 5x;\; x \in [0;15]$

Umsatzfunktion $U(x) =?$

$U(x) = p(x) \cdot x = (75 - 5x) \cdot x = 75x - 5x^2;\; x \in [0;15]$

Gewinnfunktion $G(x) =?$

$G(x) = U(x) - K(x) = 75x - 5x^2 - 4x^2 + 6x - 126 = -9x^2 + 81x - 126;\; x \in [0;15]$

Der Definitionsbereich von $G(x)$ ist der Durchschnitt der beiden Definitionsbereiche von $U(x)$ und $K(x)$:

$[0; 15] \cap [0; \infty) = [0; 15]$

[2] Ableitungen=?

Formel-Navigator

Verwenden Sie hier Formel 2.

$G'(x) = -18x + 81$

$G''(x) = -18$

Notwendige Bedingung:

$0 = -18x + 81 \Leftrightarrow x = 4{,}5$

Hinreichende Bedingung:

$G''(x) = -18 <_{\text{immer}} 0$

d. h. $x = 4{,}5$ ist eine globale Maximalstelle;

d. h. die Gewinn-maximale Menge beträgt 4,5 ME und der Gewinn-maximale Preis beträgt $p(4{,}5) = 75 - 5 \cdot 4{,}5 = 52{,}5$ GE.

[3] Graf der Funktionen $G(x)$ Gewinn, $K'(x)$ Grenzkosten und $U'(x)$ Grenzerlös, $x \in [0; 15]$

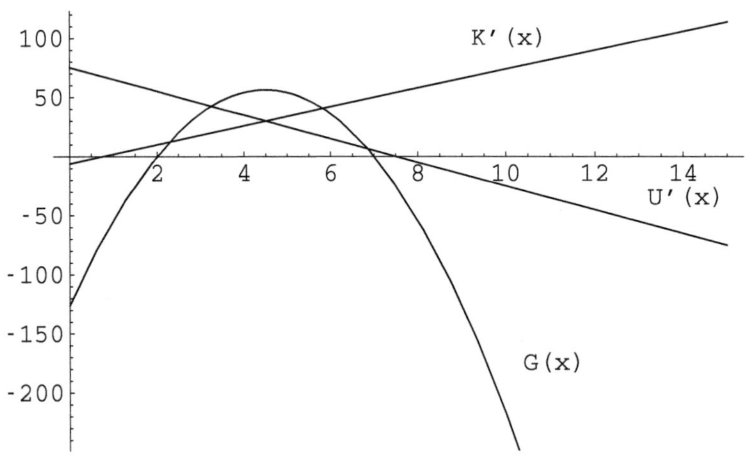

In den Schnittstellen von Grenzkosten und Grenzerlös liegen die möglichen Extremstellen der Gewinnfunktion.

10.4

[a] $x'(p) = ?$

> **Formel-Navigator**
>
> Verwenden Sie hier Formel 2.

$x'(p) = -0{,}2$

$\varepsilon_x(6) = ?$

> **Formel-Navigator**
>
> Verwenden Sie hier Formel 12.

$$\varepsilon_x(6) = x'(6) \cdot \frac{6}{x(6)} = -0{,}2 \cdot \frac{6}{10{,}8} = -0{,}\overline{1}$$

d. h. wird der Preis von 6 GE um ein Prozent erhöht auf 6,06 GE, so sinkt der Absatz um $0{,}\overline{1}$ Prozent.

[b] Umkehrabbildung $p(x) = ?$

$x = 12 - 0{,}2p \Leftrightarrow 0{,}2p = 12 - x \Leftrightarrow p = 60 - 5x$

d. h. $p(x) = 60 - 5x\,;\; x \in [0; 12]$

$U(x) = ?$

$U(x) = p(x) \cdot x = 60x - 5x^2 \;\; ; x \in [0; 12]$

$G(x) = ?$

$G(x) = U(x) - K(x) = -8x^2 + 64x - 56\,;\; x \in [0; 12]$

Graf der Funktion $G(x) = -8x^2 + 64x - 56\,;\; x \in [0; 12]$

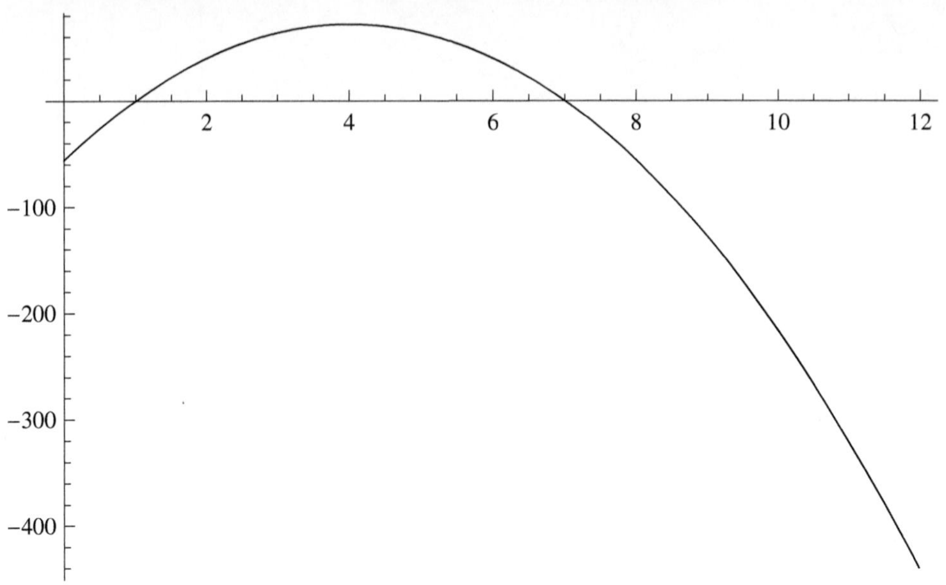

Zur Bestimmung der Gewinnzone werden die Nullstellen von $G(x)$ gesucht:

$G(x) = -8x^2 + 64x - 56 = 0$

Division durch -8 ergibt:

$x^2 - 8x + 7 = 0$

Formel-Navigator

Verwenden Sie hier Formel 15.

$x = 4 \pm \sqrt{16 - 7} = 4 \pm 3$

d. h. $x = 1$ oder $x = 7$

Da $G(0) = -56$ beträgt, lautet die Gewinnzone (1;7).

[c] Ableitungen=?

Formel-Navigator

Verwenden Sie hier Formel 2.

$G'(x) = -16x + 64$

$G''(x) = -16$

Notwendige Bedingung:

$0 = -16x + 64 \Leftrightarrow x = 4$

Hinreichende Bedingung:

$G''(x) = -16 <_{\text{immer}}$

d. h. $x = 4$ ist eine globale Maximalstelle.

$G(4) = 72$

d. h. der maximale Gewinn beträgt 72 GE und der Gewinn-maximale Preis beträgt $p(4) = 60 - 20 = 40$ GE.

10.5

[a] partielle Ableitungen erster und zweiter Ordnung=?

Formel-Navigator

Verwenden Sie hier Formel 2.

$f_x(x, y, z) = 2x + 2y + 2$

$f_y(x, y, z) = 2x + 4y - 2a$

$f_z(x, y, z) = 3z^2 - 27$

$f_{xx}(x, y, z) = 2$
$f_{xy}(x, y, z) = 2$
$f_{xz}(x, y, z) = 0$
$f_{yy}(x, y, z) = 4$
$f_{yz}(x, y, z) = 0$
$f_{zz}(x, y, z) = 6z$

[b] Notwendige Bedingung:

$$\begin{array}{lll} \text{I} & 0 = & 2x + 2y + 2 \\ \text{II} & 0 = & 2x + 4y - 2a \\ \text{III} & 0 = & 3z^2 - 27 \Leftrightarrow z^2 = 9 \Leftrightarrow z = \pm 3 \\ \hline \text{II} - \text{I} & 0 = & 2y - 2a - 2 \Leftrightarrow y = a + 1 \\ \text{I} & 0 = & 2x + 4(a+1) - 2a = 2x + 2a + 4 \Leftrightarrow x = -a - 2 \end{array}$$

d. h. $(-a-2; a+1; 3)$ und $(-a-2; a+1; -3)$ sind stationäre Punkte.

10.6

M = Gesamtbedarf

[a] $M = A \cdot B = \begin{bmatrix} 12 & 11 & 31 \\ 23 & 24 & 53 \\ 20 & 25 & 37 \end{bmatrix}$

[b] e_i=ME von E_i; für $i = 1, 2, 3$

$$\begin{array}{llll} \text{I} & 12e_1 + 11e_2 + 31e_3 & = & 1\,390 \\ \text{II} & 23e_1 + 24e_2 + 53e_3 & = & 2\,530 \\ \text{III} & 20e_1 + 25e_2 + 37e_3 & = & 2\,010 \end{array}$$

Gaußalgorithmus:

Zeile	e_1	e_2	e_3	r	Operation
①	$\boxed{12}$	11	31	1 390	
②	23	24	53	2 530	
③	20	25	37	2 010	
④	12	11	31	1 390	①
⑤	0	35	−77	−1 610	12 · ②−23 · ①
⑥	0	$\boxed{20}$	−44	−920	3 · ③−5 · ①
⑦	12	11	31	1 390	④
⑧	0	20	−44	−920	⑥
⑨	0	0	0	0	4 · ⑤−7 · ⑥

⑨ $20e_2 - 44e_3 = -920 \Leftrightarrow e_2 = -46 + 2{,}2e_3$

⑧ $12e_1 + 11(-46 + 2{,}2e_3) + 31e_3 = 1\,390 \Leftrightarrow e_1 = 158 - 4{,}6e_3$

$$\mathbb{L} = \left\{ \begin{pmatrix} 158 - 4{,}6e_3 \\ 2{,}2e_3 - 46 \\ e_3 \end{pmatrix} ; e_3 \in \mathbb{R} \right\}$$

[c] Nicht negative Lösungen:

$e_1 = 158 - 4{,}6e_3 \geq 0 \Leftrightarrow 158 \geq 4{,}6e_3 \Leftrightarrow 34{,}3478 \geq e_3 \Leftrightarrow e_3 \leq 34{,}3478$

$e_2 = 2{,}2e_3 - 46 \geq 0 \Leftrightarrow 2{,}2e_3 \geq 46 \Leftrightarrow e_3 \geq 20{,}9091$

$e_3 \geq 0$

Der Durchschnitt dieser drei Intervalle ergibt:

$(-\infty; 34{,}3478] \cap [20{,}9091; \infty) \cap [0; \infty) = [20{,}9091; 34{,}3478]$

$$\mathbb{L} = \left\{ \begin{pmatrix} 158 - 4{,}6e_3 \\ 2{,}2e_3 - 46 \\ e_3 \end{pmatrix} ; e_3 \in [20{,}9091; 34{,}3478] \right\}$$

Nicht negative ganzzahlige Lösungen:

e_3 muss ein Vielfaches der Zahl Fünf sein, damit $4{,}6e_3 = 4\frac{3}{5}e_3$ und $2{,}2e_3 = 2\frac{1}{5}e_3$ ganze Zahlen sind. Zusätzlich muss e_3 im Intervall $[20{,}9091; 34{,}3478]$ liegen. In diesem Intervall liegen nur zwei Vielfache der Zahl Fünf: 25 und 30.

$e_3 = 25 \Rightarrow e_1 = 43$ und $e_2 = 9$

$e_3 = 30 \Rightarrow e_1 = 20$ und $e_2 = 20$

10.7

[a] Umsatz $U(x, y) = 18x + 9y$

[b] Gewinn $G(x, y) = U(x, y) - K(x, y) = 18x + 9y - 3xy - 4{,}5x^2 - y^2 - 10$

partielle Ableitungen=?

Formel-Navigator

Verwenden Sie hier Formel 2.

$G_x(x, y) = 18 - 3y - 9x$

$G_y(x, y) = 9 - 3x - 2y$

$G_{xx}(x, y) = -9$

$G_{yy}(x, y) = -2$

$G_{xy}(x, y) = -3$

Notwendige Bedingung:

$$\begin{array}{ll} \text{I} & 0 = 18 - 3y - 9x \\ \text{II} & 0 = 9 - 3x - 2y \\ \hline \text{I} & 0 = 18 - 9x - 3y \\ 3 \cdot \text{II} & 0 = 27 - 9x - 6y \\ \hline \text{I} - 3 \cdot \text{II} & 0 = -9 + 3y \quad \Leftrightarrow y = 3 \\ \text{I} & 0 = 18 - 9 - 9x \quad \Leftrightarrow x = 1 \end{array}$$

d. h. $(x, y) = (1; 3)$ ist ein stationärer Punkt.

Hinreichende Bedingung:

$D(x, y) = (-9) \cdot (-2) - (-3)^2 = 9 >_{\text{immer}} 0$

$G_{xx}(x, y) = -9 <_{\text{immer}} 0$

d. h. $(x, y) = (1; 3)$ = globales Maximum

d. h. die Gewinn-maximale Mengenkombination beträgt $x = 1$ und $y = 3$.

$G(1, 3) = 12{,}5$

d. h. der maximale Gewinn beträgt 12,5 GE.

[c] Grenzkosten=?

Formel-Navigator

Verwenden Sie hier Formel 2.

Die Grenzkosten von Produkt P_1 betragen $K_x(x, y) = 3y + 9x$ und die Grenzkosten von Produkt P_2 betragen $K_y(x, y) = 3x + 2y$.

10.8

[a] $$\begin{aligned} G(x_1, x_2) &= U(x_1, x_2) - K(x_1, x_2) \\ &= -4x_1^2 - 4x_1x_2 - 4x_2^2 + 200x_1 + 160x_2 - 100 \end{aligned}$$

partielle Ableitungen=?

Formel-Navigator

Verwenden Sie hier Formel 2.

$$\begin{aligned} G_{x_1}(x_1, x_2) &= -8x_1 - 4x_2 + 200 \\ G_{x_2}(x_1, x_2) &= -4x_1 - 8x_2 + 160 \\ G_{x_1x_1}(x_1, x_2) &= -8 \\ G_{x_2x_2}(x_1, x_2) &= -8 \\ G_{x_1x_2}(x_1, x_2) &= -4 \end{aligned}$$

Notwendige Bedingung:

$$\begin{array}{llcl}
\text{I} & 0 & = & -8x_1 - 4x_2 + 200 \\
\text{II} & 0 & = & -4x_1 - 8x_2 + 160 \\
\hline
\text{I} & 0 & = & -8x_1 - 4x_2 + 200 \\
2 \cdot \text{II} & 0 & = & -8x_1 - 16x_2 + 320 \\
\hline
\text{I} - 2 \cdot \text{II} & 0 & = & 12x_2 - 120 \Leftrightarrow x_2 = 10 \\
\text{II} & & & x_1 = 40 - 2 \cdot x_2 = 40 - 2 \cdot 10 = 20
\end{array}$$

d. h. (20, 10) ist eine mögliche Extremstelle.

Hinreichende Bedingung:

$D(x_1, x_2) = (-8) \cdot (-8) - (-4)^2 = 64 - 16 = 48 >_{\text{immer}} 0$

$G_{x_1x_1}(x_1, x_2) = -8 <_{\text{immer}} 0$

d. h. (20,10) ist eine globale Maximalstelle.

Umsatz (Erlös)	$U(20, 10) =$	4 500 GE
Kosten	$K(20, 19) =$	1 800 GE
maximaler Gewinn	$G(20, 10) =$	2 700 GE

[b] *1. Lösungsweg:*

Einsetz-Methode

$K(x_1, x_2) \stackrel{!}{=}$ minimal unter NB $x_1 + x_2 = 30 \Leftrightarrow x_2 = 30 - x_1$

Setze:

$K(x_1) = K(x_1, 30 - x_2) = 2x_1^2 + 3x_1(30 - x_1) + 3(30 - x_1)^2 + 100$

Formel-Navigator

Verwenden Sie hier Formel 38.

$$\begin{aligned}
K(x_1) &= 2x_1^2 + 90x_1 - 3x_1^2 + 3(900 - 60x_1 + x_1^2) + 100 \\
&= 2x_1^2 + 90x_1 - 3x_1^2 + 2\,700 - 180x_1 + 3x_1^2 + 100 \\
&= 2x_1^2 - 90x_1 + 2\,800
\end{aligned}$$

Ableitungen=?

Formel-Navigator

Verwenden Sie hier Formel 2.

$$\begin{aligned}
K'(x_1) &= 4x_1 - 90 \\
K''(x_1) &= 4
\end{aligned}$$

Notwendige Bedingung:

$0 = K'(x_1) = 4x_1 - 90 \Leftrightarrow x_1 = 22{,}5$

Hinreichende Bedingung:

$K''(x_1) = 4 <_{\text{immer}} 0$

$x_2 = 30 - x_1 = 30 - 22{,}5 = 7{,}5$

d. h. $K(x_1, x_2)$ hat in (22,5 ; 7,5) eine globale Minimalstelle unter Berücksichtigung der Nebenbedingung.

$K(22{,}5; 7{,}5) = 1\,787{,}5$

Die minimalen Kosten unter Berücksichtigung der Nebenbedingung betragen 1 787,50 GE.

2. Lösungsweg:

Lagrange-Methode

$L(x_1, x_2, \lambda) = 2x_1^2 + 3x_1x_2 + 3x_2^2 + 100 + \lambda(x_1 + x_2 - 30)$

partielle Ableitungen=?

Formel-Navigator

Verwenden Sie hier Formel 2.

$$
\begin{aligned}
L_{x_1}(x_1, x_2, \lambda) &= 4x_1 + 3x_2 + \lambda \\
L_{x_2}(x_1, x_2, \lambda) &= 3x_1 + 6x_2 + \lambda \\
L_{\lambda}(x_1, x_2, \lambda) &= x_1 + x_2 - 30 \\
L_{x_1x_1}(x_1, x_2, \lambda) &= 4 \\
L_{x_2x_2}(x_1, x_2, \lambda) &= 6 \\
L_{x_1x_2}(x_1, x_2, \lambda) &= 3
\end{aligned}
$$

Notwendige Bedingung:

$$
\begin{array}{llll}
\text{I} & 0 & = & 4x_1 + 3x_2 + \lambda \Leftrightarrow \lambda = -4x_1 - 3x_2 \\
\text{II} & 0 & = & 3x_1 + 6x_2 + \lambda \Leftrightarrow \lambda = -3x_1 - 6x_2 \\
\text{III} & 0 & = & x_1 + x_2 - 30
\end{array}
$$

$$
\begin{array}{lrcl}
 & \lambda & = & \lambda \\
 & -4x_1 - 3x_2 & = & -3x_1 - 6x_2 \\
 & 0 & = & x_1 - 3x_2 \\
\text{III} & 0 & = & x_1 + x_2 - 30 \\
\hline
\text{Differenz} & 0 & = & (x_1 - 3x_2) - (x_1 + x_2 - 30) = -4x_2 + 30 \Leftrightarrow x_2 = 7{,}5
\end{array}
$$

$\Rightarrow$ III $x_1 = 30 - x_2 = 30 - 7{,}5 = 22{,}5$

$\Rightarrow \lambda = -4 \cdot 22{,}5 - 3 \cdot 7{,}5 = -112{,}5$

(Der Wert von $\lambda_0 = -112{,}5$ wird jedoch nicht benötigt.)

d. h. (22,5 ; 7,5) mögliche Extremstelle

Hinreichende Bedingung:

$D(x_1; x_2; \lambda_0) =$

$L_{x_1x_1}(x_1; x_2; \lambda_0) \cdot L_{x_2x_2}(x_1; x_2; \lambda_0) - (L_{x_1x_2}(x_1; x_2; \lambda_0))^2 =$

$4 \cdot 6 - (3)^2 = 15 >_{\text{immer}} 0$

$L_{x_1x_1}(x_1; x_2; \lambda_0) = 4 >_{\text{immer}} 0$

d. h. $K(x_1, x_2)$ hat in (22,5 ; 7,5) eine lokale Minimalstelle unter Berücksichtigung der Nebenbedingung.

$K(22{,}5; 7{,}5) = 1\,787{,}5$

Die minimalen Kosten unter Berücksichtigung der Nebenbedingung betragen 1 787,50 GE.

Formeln

Formeln aus dem Studium

Ableitungen elementarer Funktionen

$$f(x) = c;\; c \in \mathbb{R} \Rightarrow f'(x) = 0 \tag{1}$$

$$f(x) = x^t;\; t \in \mathbb{R} \Rightarrow f'(x) = t \cdot x^{t-1} \tag{2}$$

$$f(x) = e^x \Rightarrow f'(x) = e^x \tag{3}$$

$$f(x) = a^x;\; a > 0 \Rightarrow f'(x) = a^x \cdot \ln(a) \tag{4}$$

$$f(x) = \ln(x) \Rightarrow f'(x) = \frac{1}{x} \tag{5}$$

$$f(x) = \log_a(x);\; 0 < a \neq 1 \Rightarrow f'(x) = \frac{1}{x \cdot \ln(a)} \tag{6}$$

Ableitungsregeln

Faktorregel

Ableitung der Funktion $c \cdot f(x)$

$$c \cdot f'(x) \tag{7}$$

Summenregel

Ableitung der Funktion $f(x) + g(x)$

$$f'(x) + g'(x) \tag{8}$$

Produktregel

Ableitung der Funktion $f(x) \cdot g(x)$

$$f'(x) \cdot g(x) + f(x) \cdot g'(x) \tag{9}$$

Quotientenregel

Ableitung der Funktion $\frac{f(x)}{g(x)}$

$$\frac{f'(x) \cdot g(x) - f(x) \cdot g'(x)}{g^2(x)} \tag{10}$$

Kettenregel

Ableitung der Funktion $f(g(x))$

$$f'(g(x)) \cdot g'(x) \tag{11}$$

Elastizität

$$\varepsilon_f(x) = \frac{x \cdot f'(x)}{f(x)}, \tag{12}$$

falls $x \neq 0,\ f(x) \neq 0$

Partielle Elastizität

$$\varepsilon_{f,x}(x,y) = \frac{x \cdot f_x(x,y)}{f(x,y)}, \tag{13}$$

falls $x \neq 0,\ f(x,y) \neq 0$

$$\varepsilon_{f,y}(x,y) = \frac{y \cdot f_y(x,y)}{f(x,y)}, \tag{14}$$

falls $y \neq 0,\ f(x,y) \neq 0$

Formeln aus der Schulzeit

Quadratische Gleichungen

pq-Formel

$$x^2 + px + q = 0 \Leftrightarrow x = -\frac{p}{2} \pm \sqrt{\left(\frac{p}{2}\right)^2 - q} \tag{15}$$

abc-Formel

$$ax^2 + bx + c = 0 \Leftrightarrow x = \frac{-b \pm \sqrt{b^2 - 4ac}}{2a} \tag{16}$$

Potenzrechnung

Definition

$$a^{-n} = \frac{1}{a^n} \tag{17}$$

Rechenregeln

$$a^n \cdot a^m = a^{n+m} \tag{18}$$

$$\frac{a^n}{a^m} = a^{n-m} \tag{19}$$

$$a^n \cdot b^n = (a \cdot b)^n \tag{20}$$

$$\frac{a^n}{b^n} = \left(\frac{a}{b}\right)^n \tag{21}$$

$$(a^n)^m = a^{n \cdot m} = (a^m)^n \tag{22}$$

Wurzeln

Quadratwurzel

$$\sqrt{a} = a^{\frac{1}{2}} = x \text{ für } x^2 = a \text{ ; } a \geq 0 \tag{23}$$

Kubikwurzel

$$\sqrt[3]{a} = a^{\frac{1}{3}} = x \text{ für } x^3 = a \text{ ; } a \geq 0 \tag{24}$$

n-te Wurzel

$$\sqrt[n]{a} = a^{\frac{1}{n}} = x \text{ für } x^n = a \text{ ; } a \geq 0; n \in \mathbb{N} \tag{25}$$

Wurzel

$$\sqrt[n]{a^m} = a^{\frac{m}{n}} = x \text{ für } x^n = a^m \quad ; a > 0; n \in \mathbb{N}; m \in \mathbb{Z} \tag{26}$$

Rechenregeln

Es gilt für $a,\ b > 0;\ n,\ m \in \mathbb{N}$ und $r,\ s \in \mathbb{Z}$:

$$\sqrt[n]{a^r} \cdot \sqrt[m]{a^s} = a^{\frac{r}{n}} \cdot a^{\frac{s}{m}} = a^{\frac{r}{n}+\frac{s}{m}} \tag{27}$$

$$\sqrt[n]{a^r} : \sqrt[m]{a^s} = a^{\frac{r}{n}} : a^{\frac{s}{m}} = a^{\frac{r}{n}-\frac{s}{m}} \tag{28}$$

$$\sqrt[n]{a^r} \cdot \sqrt[n]{b^r} = a^{\frac{r}{n}} \cdot b^{\frac{r}{n}} = (a \cdot b)^{\frac{r}{n}} = \sqrt[n]{(a \cdot b)^r} \tag{29}$$

$$\sqrt[n]{a^r} : \sqrt[n]{b^r} = a^{\frac{r}{n}} : b^{\frac{r}{n}} = \left(\frac{a}{b}\right)^{\frac{r}{n}} = \sqrt[n]{\left(\frac{a}{b}\right)^r} \tag{30}$$

$$\sqrt[m]{\left(\sqrt[n]{a^r}\right)^s} = \left(a^{\frac{r}{n}}\right)^{\frac{s}{m}} = a^{\frac{r \cdot s}{n \cdot m}} = \sqrt[n \cdot m]{a^{r \cdot s}} \tag{31}$$

Logarithmus

Definition

Für $a \in \mathbb{R}^+ \backslash \{1\}$ und $b \in \mathbb{R}^+$

$$x = \log_a b \Leftrightarrow a^x = b \tag{32}$$

Rechenregeln

$$\log_a b = \frac{\log_c b}{\log_c a} \tag{33}$$

$$\log_a(u \cdot v) = \log_a(u) + \log_a(v) \tag{34}$$

$$\log_a\left(\frac{u}{v}\right) = \log_a(u) - \log_a(v) \tag{35}$$

$$\log_a(u^r) = r \cdot \log_a(u) \tag{36}$$

Binomische Formeln

$$(a+b)^2 = a^2 + 2ab + b^2 \tag{37}$$

$$(a-b)^2 = a^2 - 2ab + b^2 \tag{38}$$

$$(a+b)(a-b) = a^2 - b^2 \tag{39}$$

Literaturverzeichnis

[1] Arrenberg, J. (2017). *Wirtschaftsmathematik für Bachelor.* 4., überarbeitete Auflage, Konstanz, UVK-Verl.-Ges. (UTB, 3674)

[2] Arrenberg, J.; Kiy, M.; Knobloch, R.; Lange, W. (2017). *Vorkurs in Wirtschaftsmathematik.* 5., vollständig überarbeitete Auflage, Berlin, de Gruyter Oldenbourg

Tipp- und Wissen-Verzeichnis